연결하는 건축

연결하는 건축
つなぐ建築

2013년 2월 5일 초판 발행 • 2022년 8월 30일 3쇄 발행 • **지은이** 구마 겐고 • **감수** 임태희
옮긴이 이정환 • **펴낸이** 안미르 안마노 • **기획·진행** 문지숙 • **편집** 이현미 민구홍 • **디자인** 안삼열
영업 이선화 • **커뮤니케이션** 김세영 • **제작** 한영문화사 • **종이** 백모조 260g/m², 매직칼라 노란색 120g/m²,
그린라이트 80g/m² • **글꼴** SM3신신명조, SM3견출고딕, Adobe Garamond

안그라픽스
주소 우 10881 경기도 파주시 회동길 125-15 • **전화** 031.955.7755 • **팩스** 031.955.7744
이메일 agbook@ag.co.kr • **웹사이트** www.agbook.co.kr • **등록번호** 제2-236(1975.7.7)

ISBN 978.89.7059.666.2(03600)

연결하는 건축

구마 겐고 지음 | 임태희 감수 | 이정환 옮김

안그라픽스

되도록 많은 사람과 이야기를 나누어 보고 싶었다. 내가 일본에서 지내는 시간이 별로 없는 탓도 있지만, 해외 현장을 돌아다니다 보니 세계가 지금 어디를 향하고 있는지 어느 정도 느낄 수 있었다. 아무래도 건축은 '핫'한 장소에 서는 존재인 것 같다. 정치·경제적으로 핫한 장소, 움직임이 역동적인 장소에 프로젝트가 집중되는 경향이 있다.

그 결과, 자연스럽게 세계정세의 최전선에 있는 장소들을 여행했다. 도시 개발 붐이 베이징, 상하이 등 일급 도시에서 중소 도시로 확산되는 상황에서 갑자기 '환경과 문화를 고려하지 않은 개발은 있을 수 없다.'라는 지도 방침을 내놓은 중국의 다이나미즘에 맥이 빠지면서도 나름대로 열심히 달리고 있다. 군사 정권이 정책의 대전환을 이루어 분위기가 갑자기 변한 미얀마에서도 일찌감치 프로젝트 권유가 있었다. 세계정세 최전선의 기운을 일찌감치 피부로 느끼면서 하루하루를 달려왔다.

그러나 시간을 내지 않으면 정작 일본인과 이야기를 나눌 기회가 좀처럼 없었다. 일본의 도시나 건축에서는 열기가 느껴지지 않는다. 오히려 이전의 열기마저 식어 가는 상황에 놓여 있다. 공공이건 민간이건 새로운 프로젝트는 매우 적었고, 게다가 그 어느 것도 중국이나 브릭스(BRICS. 브라질, 러시아, 인도, 중국의 신흥 경제 4국-옮긴이)의 프로젝트와 비교하면 소극적이거나 응급 조치적이어서 활기를 느낄 수 없었다.

몇 년 전부터 일본의 이런 맥 빠진 상황이 무척 흥미롭게 느껴지기 시작했다. 이것은 역방향이라는 의미에서 새로운 시각으로 볼 수 있는 것 아닐까? 경제가 성장하고 확대하는 세계의 최첨단과 반대 방향을 향하는, 나쁘게 말하면 소극적이고 좋게 말하면 성숙해 가는 흐름에 해당하는 최전선 아닐까 하는 생각에 흥미를 느끼기 시작한 것이다.

이 '또 다른 최전선'의 본질과 그 미래에 관해 각 분야에 종사하는 다양한 사람들과 다각적으로 이야기를 나누어 보고 싶어졌다. 3·11 대지진은 '또 다른 최전선'에 결정적인 타격을 주었다. 그러나 이 타격이 '또 다른 최전선'을 소멸시키는 사건은 아니었다. '또 다른 최전선'이 지닌 문제성을 결정적으로 드러내 그 최전선에 대해 이 장소, 이 상황에 어울리는 결단을 강요하는 의미 있는 사건이었다. 3·11 이전에 쌓일 대로 쌓인 무엇인가를 현재화하고, 우리에게 새로운 첫 걸음을 내딛게 하기 위한 타격이었다.

그 첫 걸음이 무엇인지 확인하기 위해 대담을 시작했다.

구마 겐고

차례

결단 불능 사회의
정치와 건축

미쿠리야 다카시

미쿠리야 다카시(御厨貴)
도쿄대학 첨단과학기술연구센터 교수, 정치사가. 1951년 출생. 저서로 『근현대 일본을 역사적 자료를 통해 읽는다(近現代日本を史料で讀む)』『'전후'가 끝나고 '재난 이후'가 시작된다(「戰後」が終わり,「災後」が始まる)』 등이 있다.

건축가와 정치의 거리

구마 『권력의 집을 걷는다(權力の館を歩く)』를 집필한 계기는 무엇입니까?

미쿠리야 건축과 정치의 상관관계는 이미 오래전부터 존재해 왔지만, 아무리 생각해도 권력의 상징 같은 장엄한 건물뿐 아니라 일상에도 권력이 드러나는, 권력이 건축에 의해 규정되는 부분이 있는 것 아닐까 하는 생각이 기본적인 발상이었습니다. 지금까지의 정치 역사는 정치적인 결정에 대해 '언제' 결정되었는가에 관심이 집중되었을 뿐 '어디에서' 결정되었는가에 대해서는 논의가 거의 이루어지지 않았습니다.

처음으로 관심을 갖게 된 것은 오이소(大磯) 지역에 있는 내각 총리대신이었던 요시다 시게루(吉田茂)의 저택이었는데, 당시 오이소는 도쿄(東京)에서 자동차를 몰고 다이이치게이힌(第一京浜) 국도를 이용하면 한두 시간 정도 소요되는 거리였습니다. 이 집은 요시다 이소야(吉田五十八)[1]가 오래된 건물을 개축해 조성한 것이었는데, 2009년에 타버렸습니다. 소실되기 전 구경 갔을 때 보니 요시다 시게루는 일본식 방을 무척 마음에 들어하더군요. 어디에서든 후지 산(富士山)이 보였습니다. 그는 후지 산을 바라보면서 혼자 이런저런 생각을 하다가 큰일이 발생하면 즉시 도쿄로 달려왔던 것이지요.

구마 그가 언제부터 오이소에 머물렀습니까?

미쿠리야 1939~1940년 무렵, 그가 외무성에서 물러났을 때 찾은 집인 것 같습니다. 원래 있던 집을 개축한 것이지요. 그는 건축에 관심이 많아서 이런저런 복잡한 주문을 많이 했다고 합니다. 그러다가 건축가와 말다툼이 벌어지면 "필요 없다." 하며 즉시 잘라 버렸다더군요. 결국 마지막까지 남아서 이 집을 완성한 건축가가 요시다 이소야였지요. 그렇지만 어떤 부분에서 두 사람의 뜻이 맞았는지는 분명하지 않습니다. 다만 요시다 이소야의 말에 따르면, 요시다 시게루의 마음에 변화가 생겼다는 느낌이 들면 자기가 먼저 그 부분에 대해 이야기하는 식으로 대처했더니 말다툼이 전혀 일어나지 않았다고 합니다. 즉 자기는 요시다 시게루가 무엇을 원하는지 충분히 짐작할 수 있었다는 의미지요. 재미있는 이야기입니다.

구마 요시다 이소야는 기시노부스케(岸信介)저택을 비롯해 여러 정치가의 저택을 담당했는데, 그 첫 작업이 요시다시게루저택이었지요?

미쿠리야 그럴 겁니다. 건축가 이소자키 아라타(磯崎新)[2]의 설명에 따르면, 전쟁 이후 건축계에서는 건축의 민주화와 함께

요시다시게루저택(1954년, 제공: 마이니치신문사)

'건축가는 정치와 분리되어야 한다.' '재계 인사의 집을 짓는 것은 수치다.'라는 풍조가 건축의 민주화와 함께 존재했다고 합니다. 하지만 요시다 이소야는 스키야(数寄屋. 다도를 위해 지은 작은 별채-옮긴이) 건축의 근대화 등을 통해 공도 세우고 이름도 얻은 사람이기 때문에 그가 정치가의 건물을 설계하는 것에 대해 비난하는 사람이 아무도 없었다는 것이 이소자키의 해석입니다.

구마 요시다 이소야는 전후 일본 정치·경제의 핵심들과 상당히 가까웠던 건축가라고 말할 수 있습니다. 일반적으로는 단게 겐조(丹下健三)[3]가 제2차 세계 대전 이후 일본을 대표하는 건축가라고 생각하지만, 요시다 이소야가 창조한 공간과 전후라는 시대적 관계성은 그 이상이었습니다. 그가 정치 세계에 다가간 계기는 무엇이었을까 하는 점이 흥미롭습니다. 누군가 중간에서 연결해 주지 않았을까요?

미쿠리야 그건 알 수 없지만 기시 노부스케의 경우에는 요시다 이소야가 요시다시게루저택을 개축했다는 사실을 알고 그 실력을 인정해 직접 부탁한 것 같습니다.

구마 기시 노부스케가 요시다 시게루를 계승하겠다는 의도가 있었던 것일까요?

미쿠리야 요시다 시게루는 이른바 전후의 원로에 해당하는데 기시 노부스케도 총리직을 그만둔 뒤 원로가 되고 싶었겠지요. 그 때문에 그는 고텐바(御殿場)를 선택했습니다. 고텐바는 도메이(東名)고속도로의 인터체인지 바로 옆에 있는 지역인 데다 과거에는 사이온지 긴모치(西園寺公望)의 별장이 있었습니다. 더구나 당시 고텐바 시장은 기시 노부스케가 만주에서 이런저런 일을 할 때 토건업자로 일했던 사람이기 때문에 법률 문제를 비롯해 다양한 문제를 처리하는 데 도움이 되었지요. 나중에 요시다 이소야는 '정치가의 집은 이런 것이어야 한다.'라는 이상을 바탕으로 기시노부스케저택을 건축했다고 쓴 적이 있습니다.

구마 도쿄와 오이소의 거리는 일본 정치가와 일본 국가의 거리를 측량하는 하나의 방법이자 모델로서 존재하지 않았을까요?

미쿠리야 사이온지 긴모치가 자교소(坐漁莊)라는 별장을 마련한 장소가 시즈오카 현(靜岡縣) 오키쓰(興津)였으니 그것이 모델이 되었겠지요. 내각이 총사퇴하자 천황으로부터 다음 총리에 대한 문의가 들어왔고, 즉시 그는 현재의 오키쓰 역에서 열차를 이용해 도쿄로 달려왔습니다. 아주 적당한 거리였지요. 교토(京都)의 귀족인 사이온지 긴모치는 오만한 면이 있어서 이동하는 동안 여러 사람을 초조하게 만들었습니다. 그는 짐꾼과 함께 움직였는데, 그가 올라탄 열차에 동행하려는 기자들의 취재 경쟁도 치열했습니다. 요시다 시게루는 그런 상황을 지켜보면서 소요 시간을 계산해 오이소를 선택했고, 기시 노부스케는 고텐바를 선택한 것이지요.

구마 부르지 않으면 굳이 나갈 일이 없는, 그런 장소가 필요했던 것이군요.

미쿠리야 그렇습니다. 도내에 있었다면 부름을 받았다는 느낌도 없겠지요. 그러니까 이런 거리감은 일종의 권위를 상징하는 의미도 있었습니다. 지금은 시간이나 거리가 짧아졌기 때문에 오히려 가까운 장소가 좋다고 이야기하지만, 당시에는 여유가 필요했던 것이지요.

저택을 철저하게 활용한 정치가들

미쿠리야 사토 에이사쿠(佐藤榮作)의 경우, 자택은 도쿄의 세타가야(世田谷)에 있었지만 현재 가마쿠라(鎌倉)문학관으로 공개되어 있는 마에다(前田) 후작의 별장을 빌려서 주말마다 그곳에서 지냈습니다. 2층 테라스에서 가마쿠라의 바다가 한눈에 내려다보이는 멋진 곳입니다. 하지만 여름철 주말에는 날씨가 더워서 가루이자와(輕井澤)의 별장에서 지냈습니다. 재미있는 점은, 사토 에이사쿠는 가마쿠라의 별장에 정치가나 재계 인사를 부르지 않았다는 것입니다. 가마쿠라의 문사들을 초대해 대화를 나누었지요. 하지만 가루이자와에는 재계 인사나 정치가도 불러서 정치적인 이야기를 나누었습니다. 상당히 의도적인 구별이었다고 볼 수 있습니다.

한편 나카소네 야스히로(中曾根康弘)는 여기저기에 별장을 소유하고 있었는데, 독특한 것은 1983년 론야스 미·일동맹(레이건과 야스히로의 이름 앞 글자를 딴 미·일 동맹-옮긴이)이 있었던 도쿄 니시타마(西多摩)의 히노데(日出) 산장입니다. 지금까지 우리가 생각했던 정치가의 별장 이미지와 달리 히노데 산장은 교통이 매우 불편한 곳이었습니다. 에도 시대(江戶時代, 1603~1867-옮긴이)부터 있던 일반 주택을 빌린 것이었지요.

그곳은 그의 본가가 있는 군마 현(群馬縣)에서 예전에 흔히 보았던 이미지와 비슷했다고 합니다. 그는 그곳으로 레이건도 초대하고, 총리직을 그만둘 때는 세 명의 후계자(미야자와 기이치宮澤喜一, 다케시타 노보루竹下登, 아베 신타로安倍晋太郎)를 불러서 회담을 나누었습니다. 그리고 근처에 조성한 다실에서 좌선도 했지요. 주말에는 거의 히노데 산장에서 지내며 사람들과의 접촉을 끊었다고 합니다.

요시다 시게루를 비롯해 기시 노부스케, 사토 에이사쿠, 나카소네 야스히로 등은 결국 정쟁(政爭)이 심한 도쿄를 벗어나 조용히 지내면서 필요한 사람을 불러 이야기를 나눌 수 있는 공간으로서 본가 외에 권력적인 저택을 소유하려 했던 것 같습니다.

구마 저도 두 가지 의미가 있었다는 느낌이 듭니다.

첫째는 은퇴한 뒤 중앙과의 거리감이지요. 예를 들면, 천황 자리를 양위한 상황(上皇)의 외지 순회처럼 천황으로 있는 동안에는 교토에서 벗어날 수 없기 때문에 상황이 된 뒤 비로소 외지를 순회하는, 은퇴한 이후 시스템으로서의 의미입니다. 또 하나는 은거지이지요. 현역 시절부터 어느 정도 거리를 두는 것입니다. 센노 리큐(千利休)의 다실이 그런 의미에서 최초였는지도 모릅니다. 예를 들어, 케네디

대통령도 매사추세츠의 케이프코드에 있는 별장으로 부르는 사람과 백악관으로 부르는 사람의 종류나 대화의 의미 자체가 달랐습니다. 두 장소를 이용하는 것이 권력을 조작하는 데 중요한 의미를 가졌던 것 아닐까요.

미쿠리야 하지만 그것은 나카소네 야스히로에서 막을 내립니다. 즉 일본 자민당의 황금시대와 겹쳐 있는데, 권력의 수장인 그들은 유력한 파벌의 수장이기도 해서 총리직을 노리는 동안 많은 생각을 했겠지요. 나카소네 야스히로 이후, 권력의 저택을 적절하게 활용한 예는 거의 없습니다.

구마 주거지로서 어떤 장소를 선택하는가 하는 문제는 인간성을 잘 반영합니다. 거기에는 우연이 아닌, 인간으로서의 본질적인 결단이 가미되지요.

미쿠리야 그렇습니다. 호소카와 모리히로(細川護熙)는 별도로 치고, 그 후에는 총리 중에서 별장을 소유한 사람이 별로 없었습니다. 별장의 필요성을 느끼지 않았던 거죠. 과거 수상의 관사는 사용하기에 불편하고 지저분했지만, 총리들이 비교적 거부감 없이 관사에서 생활한 이유는 아마도 자택의 규모가 예전만큼 거대하지 않았기 때문일 것입니다.
아소 다로(麻生太郎)가 마지막까지 관사에 들어가기를 거부한 이유는 시부야(澁谷) 가미야마 정(神山町)에 조상 대대로 내려오는 멋진 저택을 소유하고 있었기 때문일 것입니다.

구마 고이즈미 준이치로(小泉純一郎)는 재임 중에 히가시고탄다(東五反田)의 이케다야마(池田山)에 있었는데, 그것은 매우 개인적인 선택이었을 테지요.

미쿠리야 총리 관사를 개축하는 동안 공식적으로 제공되는 주택이 없었기 때문에 고이즈미 준이치로는 내각 법제국 장관의 관사에 있었습니다. 그곳을 선택한 것은 그의 개인적인 뜻일 것입니다.

구마 자택도 아니고 공저도 아닌 곳, 공적이지만 제3의 장소를 선택한 것은 지금 돌이켜보면 고이즈미 준이치로를 잘 대변해 주는 부분이라고 할 수 있지요.

미쿠리야 그렇습니다. 재미있는 부분입니다.

구마 일급 건축사 자격증이 있던 다나카 가쿠에이(田中角榮)는 장소를 어떻게 활용했습니까?

미쿠리야 그의 기본적인 중심 주거지는 메지로(目白)였습니다. 그는 매우 명쾌해서 대장성 장관이나 간사장 등의 자리에 앉을 때마다 메지로의 대지 매입을 늘렸습니다. 진정하려고 방문하는 사람들을 위한 공간도 만들고 버스 정류장까지 설치했습니다. 사토 에이사쿠가 총리직에서 퇴임한 뒤 다나카 가쿠에이의 집을 방문한 적이 있는데, 그 당시 일기에는

"정원은 훌륭하지만 집은 큰 편이 아니다."라고 기록되어 있습니다. 부지에 비해 집은 평범했던 것 같습니다.

구마 다나카 가쿠에이는 편하게 출퇴근하기 위해 메지로와 나가타 정(永田町) 중간에 있는 가구라자카(神樂坂)의 도로를 밤 12시부터 낮 12시까지는 도심 방향으로, 오후에는 자택 방향으로 일방통행로를 만들었다는 소문이 있습니다.

미쿠리야 그건 너무 직선적이군요. 여유가 없다고 표현해야 할까.

구마 사실 여유가 없는 선택이었다고 할 수 있습니다. 가구라자카의 유흥가를 포함해 모든 것을 직선적으로 편성했으니까요. 그 사람의 열도 개조론도 모두 직선적입니다. 요시다 시게루가 갖추고 있던 여유 있는 감각이 다나카 가쿠에이 시대에는 사라져 버린 느낌이 듭니다.

미쿠리야 정치가가 총리직에서 퇴임한 후 원로로 물러앉은 상황에서도 적절하게 발언하는 여유 역시 사라지고 있다는 의미로 볼 수 있겠지요. 『권력의 집을 걷는다』에서도 언급했지만, 2009년 사카쿠라 준조(坂倉準三)[4]의 사망 40주년 기념행사가 열렸습니다. 그는 마쓰시타 고노스케(松下幸之助), 시오노기제약(鹽野義製藥)의 사장이었던 시오노 고타로(鹽野孝太郎) 등 간사이(關西) 지방 재계 인사의 저택을 많이 담당했지요.

그가 도쿄에서 집을 건축해 준 정치 관계자는 모두 순수한 정치가가 아니라 재계에서 정계로 전향한 사람들입니다. 일본상공회의소 회장에서 외무성 장관으로 자리를 옮긴 후지야마 아이이치로(藤山愛一郎), 일본은행 총재에서 대장성 장관에 부임한 이치마다 히사토(一万田尙登), 전후 주택공단 총재에서 지바 현(千葉縣) 지사가 된 가노히사 아키라(加納久郎) 등이죠. 따라서 사카쿠라 준조도 전후 건축가 중에서는 보기 드물게 정계나 재계 인사의 주택을 담당한 사람이라고 말할 수 있습니다. 이 또한 이소자키 아라타의 말이지만, 그것 때문에 사카쿠라 준조는 당시 다른 건축가들에 비해 평가가 낮은 편입니다.

구마 사카쿠라 준조의 평가가 낮다는 것은 이해하기 어렵습니다. 르 코르뷔지에(Le Corbusier)[5]의 일본인 제자로 마에카와 구니오(前川國南), 사카쿠라 준조, 요시자카 다카마사(吉阪隆正)가 있는데, 사카쿠라 준조는 세 사람 중에서도 가장 실력이 뛰어나다는 평가를 받았거든요. 르 코르뷔지에는 사카쿠라 준조를 가장 귀여워했지요. 하지만 일본 내에서는 가장 낮게 평가받았다는 것 아닙니까. 평가가 낮은 이유는 그가 시부야 역이나 도큐(東急)문화회관의 건축도 담당했기 때문 아닐까요. 당시에는 그런 상업적인 건축에 대한 평가가 지금보다 훨씬 낮았고 정치가와도 관계를 맺고 있었기 때문일

시부야 역 남쪽 출입구 부근에서 바라본 도큐문화회관
(1961년, 촬영: 이케다 아키라池田信, 제공: 마이니치신문사)

겁니다. 정치가의 질이 떨어지면 그들과 관계있는 건축가의 평가 또한 떨어졌을 테니까요. 정치권과 가까이하는 것 자체를 건축업계에서는 좋지 않게 평가했지요.

고도성장기의 '초라한' 자택

미쿠리야 대장성 관료 출신 총리인 이케다 하야토(池田勇人)와 후쿠다 다케오(福田赳夫)를 예로 들면, 두 사람이 총리가 될 때까지 기다린 집은 전쟁 당시 건축된 것을 전후에 매수한 것입니다. 물론 개축해서 넓히기는 했지만 그들은 주거지에 관해 이런저런 연구를 한다는 생각이 거의 없었습니다. 이케다 하야토는 유일하게 하코네(箱根)에 별장을 두었지만 후쿠다 다케오는 "두 번째는 필요 없다."라고 하여 첩도 두지 않았고 별장도 두지 않았습니다.

후쿠다 다케오가 정계에 있을 때, 유일한 스트레스 해소 방법은 슈토(首都)고속도로를 일주하는 것이었다고 합니다. 고속도로를 일주하는 동안 생각에 잠기는 것이지요. 대장성 관료는 정말 재미있는 사람들인 것 같습니다.

구마 슈토고속도로라는 거대한 구조물을 도시 한가운데 만든 것은 일본의 전후 공간이 얼마나 폭력적이고 초라했는지를 잘 상징해 줍니다. 그 고속도로를 일주하면서 스트레스를 해소했다니 대장성 관료에 적합한, 위에서의 시선으로 도시를 즐기는 방식이군요.

미쿠리야 이케다 하야토의 센고쿠바라(仙石原) 별장에 가보았는데 알 수 없는 등롱이 많더군요. 그의 취미였겠지요. 그는 무슨 일이 있으면 즉시 달려가서 등롱을 가져왔습니다. 그렇다고 특별히 유서 깊은 등롱도 아니었어요. 마쓰나가 야스자에몬(松永安左衛門)[6]이 집을 지으면 다실이 있어야 한다고 말했다며 이케다 하야토의 시나노마치(信濃町) 집에도 다실을 만들었는데 한 번도 사용하지 않아 창고가 되어 버렸다더군요. 대장성 관료 출신이 전후에 총리를 맡으면서 국가는 고도성장으로 풍요로워졌지만 정신적으로는 초라했던 것 아닐까요?

구마 일본의 권력자들에게는 건물은 초라해도 정원이 정말 중요했던 것 같습니다. 예를 들어, 아시카가 요시마사(足利義政)가 긴카쿠(銀閣)를 지을 당시는 오닌의 난(應仁の亂. 무로마치 시대 중순의 오닌 원년인 1467에 일어난 내란으로 11년 동안 싸움이 계속되어 당시의 수도 교토가 초토화된 전쟁-옮긴이) 직후였기 때문에 쇼군은 돈이 전혀 없었습니다. 2008년부터 긴카쿠지(銀閣寺)를 해체, 수리하는 과정에서 폐자재도 사용했다는 사실이 밝혀졌지요. 하지만 정원은 꽤 신경을 쓴 듯, 수하들의 능력을 총동원했다고 합니다. 그는 무능한 쇼군으로 불렸지만 정원은 정말 예술적으로 만들었지요. 야마가타 아리토모(山縣有朋)는 오가와 지헤(小川治兵衛)[7]라는 정원사에게 일을 맡겼답니다. 오가와 지혜는 재계와 정계 인사들의 정원을 많이 담당해서 메이지 시대(明治時代. 1868~1912-옮긴이) 이후 정원 문화를 창출해, 사람들이 모이는 잔디 딸린 정원이라는 근대 일본 정원의 원형을 만들었습니다. 거기에 비하면 지금 정치가들의 정원은 초라합니다. 기껏해야 비단잉어를 기르는 정도니까요.

미쿠리야 다나카 가쿠에이는 이케다 하야토의 정원에 있는 비단잉어를 보고 더 값비싼 비단잉어를 구입했다고 합니다. 보다 '크고' '비싼' 것을 추구한다는 발상이 일본의 고도성장을 잘 반영해 줍니다. 이런 것을 보고 있으면 정치 문화의 초라함이랄까, 또 다른 재미가 느껴집니다.

지금은 권력자들이 여유 있는 시간과 공간을 소유한다는 의미가 사라지고 있습니다. 정보의 발신과 수신이 끊임없이 이어지는 상황에서 여유가 사라진 탓이겠지요. 어느 곳에 있건 휴대 전화가 울립니다. 전화로 연락을 받아도 멀리 떨어져 있으면 즉시 대응할 수 없기 때문에 오히려 도쿄 근처에 있어야 하는 상황이 발생하지요.

구마 휴대 전화가 있으면 전 세계 어디에 있어도 상관없는 것이 아니라, 휴대 전화가 있기 때문에 보다 가까운 곳에 있어야 한다, 휴대 전화가 사람을 부자유스럽게 만들고 있다, 이런 역설이군요.

가까운 곳이어야 좋다는 것이 우선시되면 중심에서 어느 정도의 거리를 유지한다는 '장소의 이중성'이 의미를 잃고 맙니다. 콤팩트 시티라고 표현하면 듣기에는 그럴듯하지만, 사실은 고밀도 도시로 깊이도 없고 거리는 말살되어 버렸다는 뜻이지요.

미쿠리야 그런 의미에서 보면 정치가의 집이 정말 초라해졌습니다. 정치가, 특히 권력의 자리에 앉아 있는 정치가는 나름대로 평범한 사람과는 다른, 여유 있는 공간과 시간을 가져야 한다는 인식이 요즘 같은 대중 민주주의 사회에서는 용인되지 않습니다. 사람들은 보통 사람과 다를 바 없는 정치가가 바람직하다고 생각하는 것이지요.

구마 보통 사람과 다를 바 없는 정치가가 바람직하다고 생각하는 한편으로는, 대중의 입맛에 맞는 리더라고 해야 할까, 바람직한 기호와 감각을 갖춘 정치가를 선호하는 심리가 있지요. 호소카와 모리히로는 그런 의미에서 바람직한 정치가의 상징으로 선출되었습니다. 한편 모리 요시로(森喜郎)가 대중적으로 사랑받지 못한 이유는 그의 골프웨어에 대한 관심에는 동조할 수 없다는 국민들의 심리 때문이었을지도 모릅니다.

문화유산이 없는 사회의 향방

미쿠리야 정권 교체는 지금 말씀하신 기호나 장소의 이중성에 어떤 변화를 가져올까요? 민주당이 점차 젊어지는 것은 나쁜 현상이 아니며, 정치적 결정도 더욱 실무적으로 변하고 있지요. 하지만 긴 안목으로 무엇인가 해보겠다는 의미와는 거리가 있다고 봅니다. 요시다 시게루나 나카소네 야스히로도 좋고 싫고를 떠나, 상당히 긴 시간적 거리를 두고 사물을 생각해 왔습니다. 관청이나 자신의 참모들에게 5년 또는 10년 계획을 작성하게 했지요. 지금 시대에 10년 계획은 당치도 않습니다. 5년도 길게 느껴지는 시대니까요.

구마 이렇게 나가면 일본 정당 정치는 어떤 방향으로 흐를까요?

미쿠리야 우선 지금의 2, 3세 의원은 부정되는 경향이 있습니다. 물론 그들의 방향이 기본적으로 틀렸다거나 2, 3세 정치가들이 나쁜 것은 아닙니다. 대화를 나누어 보면 그들이 가진 일종의 풍요로움과 폭 넓은 이해심 등을 느낄 수 있습니다. 그런 것들이 사라지고 만다면, 결국 일본 정치 사회에서 고상함이 사라지는 것이라고 말할 수 있습니다.

정치가뿐 아니라 천황의 존재 역시 특수한 존재가 아니라는 쪽으로 점차 기울어지고 있습니다. 왕실의 건축도 신궁전(新宮殿)

이후에는 화려하게 지을 필요가 없다고 여겨 삼가는 것처럼 보이고요. 거대한 건물이나 예전 방식의 기품 있는 장소에 천황이 존재함으로써 역사를 실감할 수 있다는 점에서 보면 현재 천황에게서는 그런 느낌을 받을 수 없습니다. 황태자 이후, 역사를 느낄 수 없게 되면서 천황이라는 존재를 과연 일본인 및 일본의 상징이라고 말할 수 있을까 하는 커다란 문제가 대두된 것 같습니다.

구마 건축 디자인 분야에서도 비슷한 말을 할 수 있습니다. 요시다 이소야는 오타이산(太田胃散)제약의 창업자 집안에서 태어나 갓난아기 시절부터 일본 양식 건축의 질감이나 비례가 몸에 배었습니다. 즉 개인적인 능력뿐 아니라 중첩된 다양한 문화유산 위에 요시다 이소야라는 사람이 있고 그의 풍요로움이 존재했던 것이지요.

전후 모더니즘 건축은 그런 유산을 해체하고 파괴하는 과정이기도 했는데, 그 상징이 단게 겐조였습니다. 단게 겐조가 도쿄올림픽을 위해 만든 요요기(代代木)의 체육관은 순수한 테크놀로지에서 아름다움을 이끌어 내려 한 건축물입니다. 요컨대 문화유산과 관계없는 곳에서 가치를 추구했지요. 공원 안이었기에 다행이지만, 실제로 그런 방법을 사용해서 도시를 유지할 수 있을까 하는 의문이 듭니다. 이소자키 아라타나

국립옥내종합경기장(『건축 20세기建築 20世紀 PART2』에서)

구로카와 기쇼(黑川紀章)[8]에 이르러 문화유산 없이는 건축의 풍요로움도 없다는 사실을 깨닫습니다. 이소자키 아라타는 유럽의 건축가들이 개인적인 재능으로 풍요로운 건축을 완성하는 것이 아니라 2000~3000년에 걸친 문화유산의 가장 상위에 해당하는 것이 건축이기 때문에 풍요로움이 느껴진다는 사실을 깨닫고 유럽의 고전 건축을 도입했습니다. 구로카와 기쇼는 일본의 전통에 흥미를 보였지만 그들이 전통을 받아들인 방식은 결국 아이러니컬했고, 현재 관점에서 보면 그 아이러니는 받아들여질 수 없었다는 느낌도 듭니다. 요시다 이소야가 세상과 행복한 관계를 유지한 마지막 건축가인지도 모르겠습니다.

지금 많은 사람이 요시다 이소야의 가부키자(歌舞伎座)는 대단하다, 사라지면 안 된다고 말하는 이유는 요시다 이소야가 그런 문화유산 위에 적절하게 동승했기 때문이지요. 그 후 풍요로움을 지탱해 주는 디자인의 계승 시스템은 일본에서 사라져 버린 듯합니다.

미쿠리야 그렇습니다. 이것은 상당히 위기적입니다. 우연히 가부키자와 관련된 이야기가 나왔는데, 가부키자는 결국 구마 씨가 담당하시지요? 기분이 어떻습니까?

구마 이번에 담당한 가부키자는 요시다 이소야 디자인의 연장입니다. 현 대중 사회의 구조는 문화유산 위에서만 공감대를 형성할 수 있다고 생각하기 때문이지요.

설계하면서 신경 쓰였던 점은 문화유산 자체가 해외의 시선을 상당히 의식하면서 단련되어 왔다는 사실입니다. 문화유산을 국내만의 시각으로 생각하는 것이 아니라 국제적으로 통용되는 생각이 요시다 이소야에게는 있었습니다. 그는 젊었을 때 그리스의 파르테논을 보고 그것을 일본식으로 살려 보겠다는 결단을 내렸다는 유명한 이야기가 있고, 세계적 관점으로 일본식을 재건축한 사람입니다. 1889년 초대 가부키자가 등장한 것도 후쿠치 오치(福地櫻痴)라는 당대 최고의 유럽 전문가가 일본에서도 유럽인들에게 통용되는 연극을 만들어 보아야겠다는 생각에서 시작된, 개량 연극 운동의 일환이지요.

미쿠리야 조금 전 천황 이야기가 나왔는데 1960년대 중반, 도쿄 해상의 빌딩 건설을 둘러싸고 위에서 황거(皇居. 천황이 거주하는 곳-옮긴이)를 내려다보는 일은 있을 수 없다는 논쟁이 일었지요. 지금 돌이켜보면 이 논쟁도 나름대로 깊은 의미가 있었다는 느낌이 들지만, 지금은 거품 경제 이후, 주위에 점차 높은 건물이 세워지면서 지금은 황거가 고층 빌딩으로 완전히 둘러싸여 있습니다. 황거가 마치 빌딩의 배경처럼 되어 버렸지요. 예전에는 주변을 내려다보던 에도 성이 지금은 내려다보이는 장소가 되었으니 천황제도 이제 위험한 상황에 빠진 것 같습니다.

구마 황거가 내려다보이는 상황에 놓이면서부터 위기는 이미 시작되었지요. 황실과 원만한 관계를 맺은 건축가가 과연 있었을까요. 이쿠라(飯倉)의 영빈관(이쿠라 공관)은 요시다 이소야가 담당한 것입니다. 1960년부터 건축된 신궁전은 처음에는 요시무라 준조(吉村順三)[9]가 담당했는데 요시무라와 궁내청의 관계가 원만치 않아 도중에 손을 뗐지요. 그때부터 황실과 건축가는 공존할 수 없게 됐는지도 모릅니다.

데이코쿠호텔 중앙 현관(제공: 메이지무라明治村박물관)

그 후 우치이 쇼조(内井昭藏)[10]가 후키아게교엔(吹上御苑. 왕궁 안에 있는 정원-옮긴이)을 담당했습니다. 우치이의 건축은 프랭크 로이드 라이트(Frank Lloyd Wright)[11]의 연장이지요. 라이트가 일본의 전통 건축을 공부해서 처마 딸린 지붕을 발명했지요. 활용한 데이코쿠(帝國)호텔은 일본과 서양의 적절한 결합이라는 의미에서 20세기 일본 건축의 한 원형이었습니다. 따라서 우치이가 황궁에 손을 댄 것은 자연스러운 흐름이라는 느낌이 듭니다만, 그도 세상을 떴으니 앞으로 일본 건축이 라이트형 절충 시스템의 연장선상에 머무를 수는 없겠지요.

미쿠리야 그렇습니다. 과거 수상 관저의 현관 주변이 정말

라이트형이었지만 작은 방이 지나치게 많아 연락이 적절하게 이루어지지 않는다는 반성을 거울삼다 보니 현재 수상 관저는 너무 커져 버렸습니다. 외부 복도와 내부 복도를 만들어 방과 방의 거리가 꽤 긴 것 같더군요. 더구나 인간은 묘한 생물이어서 거리가 가까우면 특별한 일이 없어도 잠깐 얼굴을 들이밀게 되지만, 거리가 멀면 특별한 일이 없는 경우 거의 들여다보지 않게 되지요. 장관들 역시 쓸데없이 총리실을 기웃거릴 일이 없으니 총리는 고독감에 휩싸이지 않겠습니까.

구마 사람은 주변에 널렸지만 고독감은 더욱 깊어지는 휴대 전화 같은 상황이 지금 도시 전체를 지배하고 있습니다.

관저에 비치는 '결단 불능' 시스템

미쿠리야 가장 놀라운 것은, 새로운 수상 관저에는 모든 방에 시계가 없다는 것입니다. 일본식이라고 해서 과거 라이트와 전혀 다른, 서양식을 완전히 배제하는 형식으로 벽을 만들어 시계를 배치한다는 발상을 하지 못했던 것이지요.

수상 관저는 특정 건축가를 중심으로 내세우지 않으려고 '건축가 집단'이 담당했습니다.

구마 위원회에서 어떤 건축가에게 맡길지 선정하는 과정에서부터 꽤 시끄러웠던 모양입니다. 결국 국가를 대표하는 건물을 한 명의 건축가에게 맡길 도량이 없었기 때문에 실제로 도면을 그린 것은 대기업 설계 사무소지만 그 이름은 드러나지 않았습니다.

미쿠리야 그렇습니다. 이름 좀 있는 사람은 모두 고문이다 뭐다 한 마디씩 참견하면서 책임은 아무도 지지 않는 상태로 진행되었지요. 그것이 현재의 수상 관저입니다.

구마 현재 일본의 건축 시스템은 기본적으로 익명을 내세워 리스크를 회피하고 있습니다. 익명으로 일을 맡은 기업도 리스크를 회피하기 위해 면적 여건만 지키고 그 이외의 문제는 중립적으로 짓는 방식을 채택하지요. 결국 그런 상황에서는

새로운 수상 관저 안마당(2002년, 제공: 교도통신사)

벽지를 유명한 미술가에게 맡긴다거나 정원석을 유명한 조각가에게 부탁하는 식으로 건축 이외의 장식품을 이용해 무리하게 문화성을 부여하려 하기 때문에 억지스러운 느낌이 듭니다. 현재의 수상 관저는 일본의 책임 회피형 건축물의 전형이라 할 수 있습니다.

미쿠리야 그 관저 한가운데에 대나무가 서 있지요? 그런데 그 대나무가 금방 시들어 버린다고 합니다. 일본의 상징으로 심은 대나무가 유리와 유리 사이에 있다 보니 금방 시들어 버리는 것이지요. 매년 그것을 교체하느라 막대한 비용이 들어갑니다. 모두가 예상치 못한 결과입니다.

말씀하신 대로, 책임을 회피하는 형식 때문에 공공 건축물은 더욱 개성을 잃어 가고 있습니다.

구마 그렇습니다. 일본 건축가들은 해외에서만 재미있는 건축물을 만들게 되었지요. 국내 시스템을 지켜보면, 현재 대중적인 평가 시스템과 리스크 회피 시스템에서는 건축 디자인이라는 중대한 결단을 내리기 어렵습니다. 건축은 그 자체가 거대한 결단이기 때문이지요. 이런 시스템 안에서는 건축에 들어가는 모든 것이 결정 불능이라는 병적인 상태가 발생합니다. 결정 불능 상황에서 거대한 결정을 내리다 보니 건축물이 거대한 폭력이 된다는 사실은 외면해 버리지요.

미쿠리야 정치나 행정에서 어떻게든 책임을 분산시키려는 것과 마찬가지겠지요. 좋건 나쁘건 권력자가 "당신에게 맡기겠다. 마음대로 실력을 발휘해 봐라."라고 말한다면 상당히 재미있는 건축물이 완성되겠지만, 지금은 그런 시도가 두려움의 대상인 듯합니다. 더구나 일을 맡기는 권력자가 최근에는 자주 바뀌는 상황이니까요.(웃음)

1. 요시다 이소야(吉田五十八. 1894~1974) _ 건축가. 도쿄 출생. 스키야 건축의 근대화 담당, 아라구미쇼지(荒組障子. 가로와 세로의 살 간격이 넓은 장지문-옮긴이), 오카베(大壁. 기둥이 보이지 않는 건축물의 벽-옮긴이), 메스카시덴조(일본식 천장의 일종으로 천장의 판자와 판자를 맞추어 연결하지 않고 판자와 판자 사이에 약간의 틈을 주어 연결한 것-옮긴이) 등 수많은 독자적 기법을 만들어 냈다. 주요 작품으로 〈요정 신기라쿠(新喜樂)〉 〈야마토(大和) 문화관〉 〈후루야노부코(古屋信子)저택〉 등이 있고, 저서로 『조제쓰쇼(饒舌抄)』 등이 있다.

2. 이소자키 아라타(磯崎新. 1931~) _ 건축가. 오이타 현 출생. 주요 작품으로 〈오이타현립도서관(현, 아트프라자)〉 〈쓰쿠바센터빌딩〉 〈미토(水戶)예술관〉 등이 있고, 저서로 『공간으로(空間へ)』 등이 있다.

3. 단게 겐조(丹下健三. 1913~2005) _ 건축가. 오사카 부 출생. 주요 작품으로 〈히로시마평화기념자료관·공원〉 〈가가와 현(香川縣) 청사〉 〈도쿄 도 청사 제1본 청사〉 등이 있고, 저서로 『건축과 도시(建築と都市)』 등이 있다.

4. 사카쿠라 준조(坂倉準三. 1901~1969) _ 건축가. 기후 현 출생. 주요 작품으로 〈파리만국박람회 일본관〉 〈도쿄니치부쓰(日佛)학원〉 〈가나가와(神奈川)현립근대미술관〉 등이 있다.

5. 르 코르뷔지에(Le Corbusier, 본명 Charles Edouard Jeanneret. 1887~1965) _ 프랑스의 건축가. 스위스 출생. 20세기 가장 영향력 있던 건축가. 주요 작품으로 〈사보아저택〉 〈롱샹교회〉 등이 있고, 저서로 『건축을 향하여(Vers une architecture)』 등이 있다.

6. 마쓰나가 야스자에몬(松永安左衛門. 1875~1971) _ 실업가. 나가사키 현 출생. 일본은행 은행원 등을 거쳐 전기 사업 경영에 착수, 1922년 도호전력(東邦電力) 창립. 제2차 세계 대전 후인 1949년, 전기사업재편성심의회 회장으로 취임한 뒤 9전력 체제(九電力體制. 전력회사 9개사에 의한 지역 독점 체제-옮긴이)의 실현에 진력해 '전력의 귀신'이라고 불렸다. 다도와 등산 애호가로도 잘 알려져 있다. 저서로 『인간, 후쿠자와 유키치(人間 福澤諭吉)』 등이 있다.

7. 오가와 지헤(小川治兵衛. 1860~1933) _ 조경사. 교토 출생. 1877년 오가와 가문의 양자가 되어 7대인 지헤(治兵衛)의 이름을 이어받으면서 오가와 우에지(小川植治)라고 칭했다. 주요 작품으로 야마가타 아리토모(山縣有朋)의 〈무린안(無鄰庵)〉, 노무라 도쿠시치(野村德七)의 〈헤키운소(碧雲莊)〉 등이 있다.

8. 구로카와 기쇼(黑川紀章. 1934~2007) _ 건축가. 아이치 현 출생. 주요 작품으로 〈나카긴(中銀)캡슐타워〉 〈국립신미술관〉 등이 있고, 저서로 『행동 건축론(行動建築論)』 등이 있다.

9. 요시무라 준조(吉村順三. 1908~1997) _ 건축가. 도쿄 출생. 주요 작품으로 〈모텔 온 더 마운틴〉 〈가루이자와(輕井澤)산장〉 〈나라(奈良)국립박물관〉 등이 있고, 저서로 『요시무라 준조 작품집(吉村順三作品集)』 등이 있다.

10. 우치이 쇼조(內井昭藏. 1933~2002) _ 건축가. 도쿄 출생. 주요 작품으로 〈사쿠라다이(櫻台) 코트빌리지〉 〈세타가야(世田谷)미술관〉 〈국제일본문화연구센터〉 등이 있고, 저서로 『건강한 건축(健康な建築)』 등이 있다.

11. 프랭크 로이드 라이트(Frank Lloyd Wright. 1867~1959) _ 미국의 건축가. 유기적 건축을 주장했다. 주요 작품으로 〈로비하우스(Robie House)〉 〈지유가쿠엔(自由學園) 묘니치칸(明日館)〉 〈구겐하임미술관〉 등이 있고, 저서로 『유기적 건축(有機的建築)』 등이 있다.

가부키자를
새로운 축제 공간으로

후지모리 데루노부

후지모리 데루노부(藤森照信)
건축가, 건축 역사가. 1946년 출생. 고가쿠인(工學院)대학 교수, 도쿄대학 명예교수. 건축 작품으로 〈신초칸모리야(神長官守矢) 사료관〉 〈다카스기안(高過庵)〉 〈콜하우스〉 등이 있고, 저서로 『일본의 근대 건축(日本の近代建築)』 『후지모리식 건축 입문(フジモリ式建築入門)』 등이 있다.

가부키자가 먼저인가, 대중목욕탕이 먼저인가

후지모리 언제부터 구마 씨가 가부키자를 설계하기로 결정됐나요? 이런저런 소문은 들었습니다만.

구마 2004년 무렵부터입니다. 최종적으로 계획안을 인정받기 꽤 오래전에 계획 검토가 시작되었고, 도쿄위원회에서 전문가의 의견을 듣기도 했지요.

후지모리 가부키자를 다시 짓는다는 이야기에서 흥미로웠던 것은 사전에 행정부나 전문가에게 계획안을 보였을 때 당파풍(唐破風. 중앙 부분이 아치형이고, 양 끝이 약간 치켜 올라간 곡선 모양으로 된 건축 양식-옮긴이)에 대해서 '대중목욕탕 같다.'라는 의견이 나왔다는 점입니다. 그것은 잘못된 표현이지요. 순서로 보면 대중목욕탕이 가부키자의 흉내를 낸 것이니까요.

간토(關東) 대지진의 피해가 복구되기 전에 대중목욕탕은 시내에 있었기 때문에 찾아오는 사람이 한정되어 있었고 굳이 눈에 띌 필요가 없었습니다. 하지만 지진 때문에 도쿄는 엉망이 되었지요. 그 후 복구되어 엄청난 사람이 흘러 들어왔고, 눈에 띄어야 손님이 많이 찾아온다는 사실을 깨달으면서 당파풍의 건축 양식이 시작되었습니다. 그것을 '미야가타(宮型) 대중목욕탕'이라고 불렀지요. 하지만 그 전에 가부키자의 계획이 발표되었습니다. 가부키자의 철골 구조가 갖추어지고 외형이 어느 정도 완성된 시점에서 지진이 발생한 거니까 순서가 바뀌었지요.

구마 가부키자 계획이 발표된 순간, 커다란 화제가 되었지요?

후지모리 그렇습니다. 가부키자는 에도 시대에도 꽤 성황을 누렸습니다만, 건축 형식을 갖추지 못했습니다. 막부가 허락해 주지 않았기 때문이지요. 에도 시대에 확실한 건축 양식을 갖춘 것은 성, 무사의 저택, 노가쿠(能樂. 일본 고전 예술 양식의 하나. 피리와 북소리에 맞추어 노래를 부르면서 춤을 추는 가면 악극-옮긴이) 무대, 유곽 등이었습니다.

가부키(歌舞伎) 무대와 관련된 에도 시대 기록을 살펴보면 나무로 기둥을 세우고 돗자리를 깔아 놓은 것이 전부입니다. 지붕도 간단히 이엉을 이어서 얹은 정도였지요. 말하자면 그냥 오두막이었습니다. 막부에서 보면 내키지 않는 장소였으니까요. 현재의 가부키자 자리에 야마무라자(山村座)가 있었지만 에지마-이쿠시마 사건(江島生島事件)[1] 때문에 폐쇄되었지요. 나카무라자(中村座)는 화재가 발생한 뒤 요시와라(吉原)와 아사쿠사(浅草), 사루와카 정(猿若町)으로 밀려났는데 그곳에는 제대로 된 건물이 없었습니다.

메이지 시대 이후, 가부키를 유럽에 뒤지지 않는

오페라처럼 만들자는 움직임이 일기 시작하면서 가부키자는 다시 도심으로 돌아왔습니다. 고비키 정(木挽町)에 조성되었는데 당시의 건축가들은 서양식을 기본으로 삼았습니다.

구마 현 가부키자의 원형이 된 제1대 가부키자를 1889년에 완성한 후쿠치 오치는 당시 후쿠자와 유키치(福澤諭吉)에 버금갈 정도로 인정받았던 하이칼라 지향의 국제 감각을 가진 사람이었습니다. 그는 일본이라는 프레임에서 벗어나 서양의 관점으로 일본을 재해석해서 '가이료자(改良座)'라는 새로운 연극의 전당으로서 가부키자를 열었지요. 그렇기 때문에 초대 가부키자는 사실 서양 건축에 가깝습니다. 그 후 데이코쿠극장이 본격적인 서양식 건물로 들어서자 우리는 일본식으로 하자는 식으로 방침이 바뀌었습니다.

후지모리 그렇습니다. 그래서 도쿄예술대학 교수인 오카다 신이치로(岡田信一郎)[2]에게 부탁했는데 오카다 신이치로는 도시 안에 당파풍 건축물을 세우면 대중목욕탕으로 보일 수 있다는 생각은 전혀 하지 않았지요. 당파풍은 가마쿠라 시대(鎌倉時代. 1192~1333)에 탄생해서 아즈치모모야마 시대(安土桃山時代. 1568 또는 1573~1600)에 융성했습니다. 그는 근대의 건축가, 그리고 디자인 사상으로는 역사주의자였기 때문에 가부키자라는 대상을 어떤 스타일로 해야 좋을지 고민했던 것입니다.

가부키는 아즈치모모야마 시대에 이즈모노 오쿠니(出雲阿國, 1572~?)에서부터 시작되었다고 하는데, 오카다 신이치로는 아즈치모모야마 양식을 취하려 했습니다. 그전 일본의 전통 건축은 이토 추타(伊東忠太)[3]가 주도했는데, 기본적으로 호류지(法隆寺) 이후 나라 시대(奈良時代, 710~784)의 사찰이야말로 전통의 토대라고 여겨졌습니다.

쇼와 시대(昭和時代, 1926~1989)에 이르러서는 스키야 계통이나 이세 신궁(伊勢神宮)으로 그런 전통이 옮겨졌지만 다이쇼 시대(大正時代, 1912~1926)의 오카다 신이치로는 지금 생각하면 그 중간 지점에 주목했던 것 같습니다.

구마 그것은 꽤 획기적인 착안이었지요.

후지모리 냉정하게 생각하면 무척 위험한 생각이었지요.(웃음) 잘 아시다시피 아즈치모모야마 시대는 상당히 어지러웠습니다. 오랑캐다 뭐다 해서 일본과 한(漢)나라와 서양이 뒤죽박죽으로 뒤엉켜 정체를 이해하기 힘든 시대였으니까요. 오카다 신이치로는 아마 아즈치모모야마 시대의 그런 혼합적인 상황에서 발생하는 활력에 이끌렸던 것 같습니다.

구마 네, 오히려 그쪽에 더 관심이 있었던 느낌이 듭니다. 아즈치모모야마 시대에 융성했다고는 하지만 실제로 그런 형식의 건물에서 가부키가 공연된 것도 아니고요.

후지모리 그렇습니다. 교토 시조(四條)의 가하라(河原)에서 공연되었으니까요.

오카다 신이치로의 머리에 들어 있던 또 하나는 아마 파리의 오페라 극장이었던 것 같습니다.

구마 얼마 전에 쇼치쿠(松竹)주식회사의 임원들과 오페라 극장에 갔었는데, 그곳에서 오카다 신이치로가 파리의 오페라 극장을 얼마나 의식했는지 이해할 수 있었습니다. 거대한 계단이 좋은 예입니다. 가부키자에는 들어가자마자 갑자기 계단이 나타나지요. 배리어 프리(barrier free) 시대에는 쉽게 손대기 어려운 디자인이지만 '이것이야말로 가부키자다.'라는 특징도 있습니다. 오페라 극장 역시 계단의 건축입니다. 또 하나는 '소통의 공간'이지요. 오페라 극장에서는 관객끼리 '누가 오고 있다.' '어떤 옷을 입고 있다.' 하는 사실을 확인할 수 있는 소통의 공간이 형성되어 있습니다.

후지모리 사교적이지요.

구마 가부키자도 오마(大間)라고 해서 소통의 공간을 중요하게 생각합니다. 그곳에서 '누가 어떤 옷을 입은 누구와 오고 있다.'라는 식으로 서로 체크하지요.

후지모리 오페라 극장에 실제로 가보면 로비에 해당하는 공간이 왜 이렇게 큰지 의문이 듭니다. 로비와 무대가 거의 비슷할 정도니까요.

구마 나폴레옹 3세는 오페라 극장에 매우 관심이 많았고 직접 설계 지휘를 했습니다. 오페라 극장을 파리 개조 계획의 중심이라고 생각했을 정도니까요. 이런 계획을 생각한 이유는 '도시 공간은 사교 공간'이라는 명확한 사고가 존재했기 때문이지요.

후지모리 나폴레옹 3세가 중세의 파리를 몰아내고 현재의 파리를 만들었으니 파리 전체를 세계적인 사교의 장으로 만들려고 했을 가능성은 충분히 있습니다. 현재의 파리는 바로 그런 부분에서 활로를 찾아야 하겠지요.

구마 현재 유럽은 세계 경제라는 관점에서 볼 때, 공업 생산 능력이나 농업은 거의 승산이 없습니다. 그렇기 때문에 19세기라는 시대에서 앞을 내다보았을 때 사교장으로서의 도시를 만든 파리의 우위성이 런던보다 더 앞섰던 것 같네요.

확장하는 가부키자의 공간

후지모리 메이지 시대부터 가부키 관계자는 모두 오페라 극장을 의식했습니다. 시부사와 에이치(澁澤榮一)가 도쿄의 계획을 세웠을 때도 가부토 정(兜町)에 오페라 극장을 만든다는 계획을 정부의 심의회에 제출했습니다. 정부와 경제계는 유럽에서 오페라 극장의 중요성을 이해하고 일본에서는 가부키만이 그것을 대체할 수 있다고 생각했습니다. 가부키는 일본의 연극 중에서 보기 드물게 사회와 정치 양쪽과 접점이 있으니까요.

구마 어떤 의미에서는 권력이 이용한 부분도 있지요.

후지모리 그렇습니다. 막부는 어떻게든 억제하려고 했습니다. 가부키자가 갖추고 있던 사회적 의미는 에도 시대부터 한 번도 사라진 적이 없을 것입니다.

구마 그렇습니다. 메이지 시대에 후쿠치 오치가 4좌 동맹(四座同盟. 네 극단의 동맹. 신토미자新富座, 나카무라자中村座, 이치무라자市村座, 지토세자千歲座)을 통합해 극단이 간단히 궤멸될 수 없는 구조를 만든 것이 원점이라고 말할 수 있지요. 그런 식으로 흥행 태세가 일체화되어 있는 연극은 전 세계에서 찾아보기 어렵습니다.

오카다 신이치로도 그런 거대한 사회적 존재가 된 가부키에

위: 오카다 신이치로가 설계한 가부키자(『건축 20세기 PART1』에서)
아래: 전쟁 이후, 요시다 이소야에 의해 보수된 가부키자(『건축 20세기 PART1』에서)

어울리는 건축 양식을 찾아냈습니다. 무대 역시 에도 시대부터 완전히 바뀌어 오사카(大阪)의 신가부키자(新歌舞伎座), 교토의 미나미자(南座)와 다른, 도쿄의 가부키자만 27.5미터라는 거대한 전면으로 관객을 압도했습니다. 도쿄라는 도시에 대치시키려면 이 정도 규모를 갖추어야 한다고 생각한 것이지요. 그런 스케일을 선택한 센스는 어번 디자인(urban design. 도시 계획을 기초로 하여 인간의 생활에 필요한 공간을 형태화하고 조직화하는 설계 행위-옮긴이) 그 자체라고 볼 수 있습니다.

후지모리 오카다 신이치로가 살았던 시대에는 자신의 집 앞이나 상점 앞의 도로 절반 정도는 공공 용도라면 사용할 수 있었다는 것입니다. 즉 과거에는 그 주변 전체가 가부키자를 위해 존재했다고 말할 수 있지요.

일단 가부키자 주변에서 식사를 합니다. 이것은 에도 시대부터 내려오는 기본이지요. 가부키를 보는 것은 하루를 소비하는 즐거움이었기 때문에 소설가 나쓰메 소세키(夏目漱石) 가족도 아침에 출발하면 밤이 되어서야 돌아왔다고 합니다. 찻집에서 옷을 갈아입고 식사를 하고 다양한 유흥을 즐겼지요. 특히 여성이 그런 경향이 더 강했습니다. 막부는 바로 그런 부분을 싫어했습니다. 메이지 시대에 이르면 새롭게 출현한 신바시(新橋)의 기생들이 서비스를 하기 위해 고비키 정방면의 가부키자 주변 요정으로 나갔습니다. 가부키자는 쓰키지(築地)의 시장과 비슷한 면도 있어서 본체 주변에 장외 시설 같은 것들이 많았지요. 현재는 그런 시설이 거의 없지만요.

구마 네, 그렇습니다. 공공 건축 이상의 공공성을 갖추면서 그 정도 경제적 효과를 주변에 파급하는 시설은 도시에서 사라져 버렸으니까요. 그래서 가부키자를 도시와 재접속할 수 있는 방법이 없을까 하는 것이 가부키자의 새로운 주제입니다. 전에는 가부키자와 고비키 정 거리가 막혀 있어서 외부에서는 아무것도 보이지 않았지만 이번에는 거리 쪽으로 열리게 해서 안으로 들어가 있는 상점들을 밖으로 튀어나오도록 만들 생각입니다. 지역 주민이나 긴자(銀座) 주민들과 이야기를 나누면서, 가부키자가 지역에 미치는 파급 효과에 대해 많은 관심을 가지고 있다는 사실을 느꼈거든요.

이 부분은 쓰키지가 어떻게 변할 것인가 하는 문제도 포함해서 앞으로 화제가 될 것입니다. 가부키자를 도시에 열려 있는 공간으로 만든다는 것은 20세기형 도로에 의해 건축끼리 분단되어 버린 도쿄를 다시 한 번 과거의 네트워크형 도시로 재건하는 행위와 연결됩니다.

'생산의 시대' 다음에 오는 것

후지모리 정면 부분은 어떤 형태로 남습니까?

구마 형태는 그대로 두고 지붕이나 금속 부품도 일부 남습니다.

후지모리 그럼 긴자 거리에 당파풍의 건물이 존재하는 당돌한 즐거움도 남는 건가요?

구마 그 당돌함은 도쿄의 보물이니까요. 문제는 색깔을 어떻게 하는가 하는 것이지요. 난간 모양으로 튀어나와 있는 부분은 붉은색으로 옻칠했지만 처음에는 새하얀 색깔이었습니다.

후지모리 하얀색을 사용한 이유는 오카다 신이치로의 독특한 해석 때문이지요. 아즈치모모야마 건축의 흐름 속에서도 중심적으로 하얀색을 사용한 것은 닛코(日光) 도쇼구(東照宮)의 문 하나뿐입니다. 하얀색 문은 세계적으로도 보기 드문 예입니다.

구마 빈의 오토 바그너(Otto Wagner)[4]와 비슷하지 않습니까? 하얀색과 황금색의 조합이.

후지모리 그건 미처 몰랐습니다. 맞습니다. 오카다 신이치로는 유럽을 지켜보고 있었고, 실제로 바그너나 올브리히(Joseph Maria Olbrich. 오스트리아의 건축가·공업 디자이너-옮긴이) 등 빈 분리파(Wien Secession)의 영향을 강하게 받은 건축물을 만들었지요.

구단자카(九段坂)병원은 스토클레저택(Palais Stoclet)을 의식해서 지은 것이었습니다.

구마 가부키자도 처음에는 붉은색이 들어가지 않고 하얀색과 황금색 중심이었기 때문에 바그너와 훨씬 가까웠을 것입니다. 바그너의 작품에는 비잔틴풍의 황금색이 들어갔을 테지요.

후지모리 그렇습니다. 빈이니까 아무래도 동방의 이국적인 정취가 포함되었겠지요.

구마 황금색을 사용하는 빈파와 독일의 페터 베렌스(Peter Behrens. 산업디자이너·건축가-옮긴이), 미스 반 데어 로에(Mies van der Rohe)[5], 발터 그로피우스(Walter Gropius. 건축가·산업디자이너-옮긴이)로 이어지는 은색을 이용해서 황금색을 배제하는 계통, 그 두 가지 흐름이 모더니즘의 첫 분기점이었습니다. 결국 황금색을 사용하는 파는 사라졌지만 저는 그쪽이 훨씬 더 재미있습니다.

후지모리 그렇군요. 건축에서는 은을 사용할 수 없으니까 크롬 도금 등을 사용했지만, 은 계통의 건축이 자아내는 깊은 화려함은 연극적이고 사교적인 공간에는 어울리지 않지요.

그렇다면 이번 가부키자에는 황금색을 부활시킬 예정이신 것 같군요. 건축 당시의 백색과 황금색이 부활되는 건가요?

구마 금속 부품은 가능하면 현재 있는 것을 재활용할 생각이니까 역사가 깃들어 있는, 묵직하게 가라앉은 느낌이

위: 창립 당시의 구단자카병원(1926년, 『구단자카병원 40년사九段坂病院四十年史』에서)
아래: 스토클레 저택(『건축 20세기 PART1』에서)

드는 황금색이 되겠지요. 붉은색 부분에 관해서는 오카다 신이치로의 오리지널 화이트로 할 것인지, 눈에 익숙한 레드의 이미지로 할 것인지 고민해 볼 생각입니다. 페터 베렌스, 미스 반 데어 로에, 르 코르뷔지에라는 20세기 인더스트리얼 계통의 공업화 사회적 계열과 비잔틴에서 오는 축제 공간 계열을 이어받은 빈 계열, 역사적 흐름으로 보면 지금 전체적인 기호는 인더스트리얼 계열에서 사교 계열, 축제 계열로 옮겨 가고 있습니다. 인더스트리얼에 해당하는 20세기에서 서비스와 관광을 중시하는 21세기로 바뀌고 있는 시대적 변화와 유사하지요. 그런 시대적 인식으로 색깔을 결정하면 재미있을 거라는 생각이 듭니다.

후지모리 색깔과 조화군요. 그거 흥미로운데요.

구마 씨답습니다. 철이나 유리, 콘크리트와는 다른…….

구마 20세기의 일본 자체가 인더스트리얼 계열, 즉 공업화 사회의 우등생이었습니다. 하지만 에도에서는 축제 계열의 도시 시설이 상당한 존재감을 가지고 있었지요. 메이지 시대 이후 그런 존재감이 묻히고 박해받았는데, 축제 계열을 중시한 과거의 일본을 되살려 보겠다는 것도 하나의 테마입니다.

후지모리 맞습니다. 가부키는 원래 그런 존재니까요. 그렇게 생각하면 쇼치쿠주식회사가 구마 씨에게 눈길을 준

M2(제공: 구마겐고건축도시설계사무소)

것은 당연하군요. 우리 세대는 축제성에 약합니다. 이토 도요(伊東豊雄)나 안도 다다오(安藤忠雄)[6]도 전후 부흥기인 생산의 시대를 살았으니까요. 생각해 보면 우리 이후의 세대에서도 축제성은 구마 씨 정도일 것입니다. 구마 씨의 데뷔작인 자동차 회사 M2도 지금은 축제의 하나인 장례에 쓰이고 있죠.(웃음)

구마 오카다 신이치로 이후 가부키자의 보수를 담당한 요시다 이소야는 축제 계열이라고 보아야 할까요, 아니면 인더스트리얼 계열이라고 보아야 할까요?

후지모리 요시다 이소야는 쇼와 시대의 건축가로서는 예외적으로 축제 계열에 해당한다고 할 수 있습니다. 그야말로 가부키자와 함께 태어나고 자란 사람이지요. 그는 가부키자에서 나가우타(長唄. 가부키 무용의 반주 음악으로 발전한 음악-옮긴이)를 불렀을 정도니까요. 그것도 문외한이 아니라 기네야(杵屋)파의 가수로서 무대에 선 적이 있습니다.

요시다 이소야는 오타이산제약의 아들로 태어났는데 어린 시절부터 가족과 함께 가부키자를 자주 방문했습니다. 어머니와 누이들은 연극이 바뀔 때마다 찻집에서 옷을 갈아입었지요. 그래서 주변 사람들에게는 오타 가족이 어떤 옷으로 갈아입고 나타나는지가 화제였습니다. '현 시대의 요도기미(淀君. 도요토미 히데요시豊臣秀吉의 측실-옮긴이)'라고 불렀을 정도니까요. 그렇게 본다면 요시다 이소야는 현재의 히데요시에 해당한다고 말해야 할까요.(웃음) 요시다 이소야의 아내는 멋을 잘 아는 사람이었습니다. 인터뷰를 한 적이 있는데 정말 재미있었습니다. 결혼해서 신혼집에 들어갔는데 남편이 어머니와 함께 왔다더군요.(웃음) 그렇게 세 사람이 함께 신혼생활을 시작했는데 며느리와 시어머니가 매일 아침 하는 일은 엄청난 양의 와후쿠(和服. 일본의 전통 의상-옮긴이) 중에서 요시다 이소야가 그날 입을 옷을 고르는 것이었답니다.

요시다 이소야는 오카다 신이치로와 마찬가지로 도쿄예술대학 교수로 전후의 스키야, 요정 건축을 담당했던 분이지요. 전통적인 요정 건축을 처음으로 빌딩의 콘크리트 안에 도입해서 신흥 스키야를 만들어 냈습니다. 요시다 이소야는 아마 가부키자의 모모야마풍을 스키야풍으로 바꾼 것 같습니다. 아, 그리고 이와나미 시게오(岩波茂雄)의 옛 별장인 세키레키소(惜櫟莊)도 신흥 스키야풍으로 만들었습니다.

구마 요시다 이소야는, 제4기 가부키자가 형성된 1940년대는 일본에 가장 돈이 없던 시절로 물자가 부족해 늘 불만에 가득 차 있었다는 글을 썼습니다. 그 가난과 어려움을 스키야풍의 디자인으로 해결한 것이 전후 일본 건축의 원점이 되었지요. 스키야는 원래 가난을 역전시켜 아름다움으로 재 정의한 것이었습니다.

후지모리 부흥이라는 생산의 시대가 시작되는 시기에 모모야마풍을 도입한 것이군요.

구마 스키야의 간소함이 인더스트리얼 시대에 적절하게 적응한 것 아닐까요.

후지모리 구마 씨도 새로운 축제 공간을 만들어야겠군요.

구마 이번 개축에서는 빛이 하나의 중요 주제가 될 것입니다. 오카다 신이치로에서 요시다 이소야로의 전환은, 간단히

닛코저택('구 닛코저택' 사교실. 제공: 아타미 시 熱海市 문화교류과)

말하면 광원이 보이는 백열전구에서 형광등이라는 간접 조명으로의 시대적 변화였죠. 형광등은 그야말로 인더스트리얼 시대의 심벌이었어요. 이번에는 LED, 열을 내지 않는 간접 광입니다. 제등도 LED로 할 생각입니다.

후지모리 브루노 타우트(Bruno Taut)[7]가 일본을 방문했을 때, 제등을 보고 크게 감동받았다고 하더군요. 그래서 그가 담당한 닛코 저택의 인테리어에는 실내등을 대나무에 매달아 연결해서 장식했지요.

구마 아, 그것도 제등이군요. 브루노 타우트는 축제 계열과 일본의 관계를 어떻게 연결할 것인가 하는 도전에서 선구자적인 역할을 한 사람이군요.

후지모리 일본이 지닌 '밤의 축제성'을 깨달은 것이지요. 그런데 바로 그 부분이 당시 일본의 모더니스트들로부터 '브루노 타우트에게는 더 이상 배울 것이 없다.'라며 따돌림을 당하는 계기가 되었습니다. 하지만 재미있습니다. 오카다 신이치로가 도쇼구 같은 아즈치모모야마 계열의 축제성을, 요시다 이소야는 스키야 계열의 축제성을, 브루노 타우트는 이른바 모던과 스키야 계열의 축제성을 띠고 있다는 점을 생각하면 말이죠.

구마 요시다 이소야는 스키야라는 하나의 완성된 양식을 토대로 삼았으니까 충분히 이해할 수 있습니다. 한편 개인의 능력으로 일본과 축제의 관계를 연결하려 한 브루노 타우트는 상당히 특이한 부분에 초점을 맞추어서…….

후지모리 모조품을 만들어 냈다?

구마 네. 모조품에는 더 이상 아무도 따르지 않게 되었지요.(웃음) 이번에 보수하면서 양식이 갖추고 있는 힘을 느꼈습니다. 브루노 타우트는 양식에 의존하지 않았습니다.

반대로 오카다 신이치로나 요시다 이소야는 양식이 존재했기 때문에 창조도 가능했고 유연한 대응도 가능했습니다.

그대로 남아 있는 일본이라는 특수성

후지모리 사실 역사적 양식이라는 세계는 궤멸했습니다. 20세기에 르 코르뷔지에나 바우하우스(Bauhaus) 등이 양식은 죄다 시도해서는 안 된다고 말했으니까요. 양식은 일본에만, 그것도 현대의 디자인으로 남아 이소자키 아라타, 안도 다다오, 구마 씨 등도 다실을 만들었지요. 스키야를 활용하는 사람도 많습니다. 현대 건축에 이해하기 어려운 상태로 남아 있는 것이 다실과 스키야입니다. 건축 역사가들 입장에서 보면 난처한 존재들이죠.

구마 대학에서 모더니즘을 주입식으로 교육받은 저에게도 스키야적인 감성이 상당히 남아 있습니다.

후지모리 일본인이라면 누구나 그렇지요.

구마 그것을 지금은 반대로 유럽에서 받아들이고 있습니다.

후지모리 그렇습니다. 구마 씨도 그런 부분에서 상당히 인기가 있습니다.

구마 일본 내부에 고립된 존재로 남아 있는 것을 세계가 평가하고 미래 공간의 재료로 사용했다는 반전은 정말 재미있는 현상입니다.

후지모리 20세기 건축이 막다른 곳에 이르렀다는 사실을 깨달았기 때문이겠지요. 이제 건축 디자인은 더 이상 알 것이 없다는 기시감을 드러내고 있습니다. 100미터 달리기처럼 0.01초를 앞당기기 위해 인간의 육체에 약물을 주입하거나 신발, 계측기, 그라운드의 성능을 높일 수밖에 없는 상태에 이른 것이지요. 그런 부분에서 일본의 젊은 세대가 분발하고 있지만 구마 씨는 그런 흐름과 별개의 장소에 있는 것 같습니다.

구마 중국인들은 북방 민족의 영향을 받은 원(元), 청(淸) 대의 문화가 아니라 한민족의 독자성을 지닌 한, 수(隋), 당(唐), 송(宋), 명(明) 대의 문화가 일본의 내부에 남아 있다고 하더군요.

그 때문인지, 중국 정부가 저의 건축에 공감하면서 일을 의뢰했습니다. 그들의 눈으로 보면 스키야적인 건축 내부에 한민족의 어떤 본질이 남아 있다는 것입니다. 그런 말을 들으리라고는 꿈에도 생각해 본 적이 없습니다.(웃음)

후지모리 송나라의 문화가 선종(禪宗)을 통해서 일본으로 계속 유입된 것은 사실입니다. 이른바 가마쿠라 문화와 중세의 문화는 남송에서 온 것으로, 일본은 그것을 받아들여 전승해 왔고, 반대로 그것이 모던과도 접점을 이루었지요. 스키야, 다실은 호리구치 스테미(堀口捨己)[8]를 비롯한 모더니스트들이 발견했으니까요.

중국인들이 송나라의 본질이 일본에 남아 있다고 여기고, 유럽인들이 일본의 스키야나 다실이라는 전통을 높이 평가하는 또 하나의 이유는 역시 자연 문제입니다. 스키야나 다실은 자연의 소재를 그대로 사용한 전 세계에서 유례를 찾아보기 어려운 방식입니다. 흙, 돌, 나무를 자연의 형태 그대로 사용하는 것은 대부분 원시인이 하는 행위였지요. 그것을 부정하고 대칭형으로 만들거나 연마하는 과정을 거쳐 완성하는 인위적인 부분이 들어가면서 건축 문화는 발달했습니다. 일본에서도 아즈치모모야마 시대에 닛코 도쇼구 같은 방향으로 건축이 달려가는 상황에서 센노 리큐는 굳이 자연의 왜곡이나 우연을 남기려 했습니다.

아즈치모모야마의 주류인 닛코 도쇼구의 미학은 쇼인즈쿠리(書院造. 아즈치모모야마 시대에 완성된 주택 건축의 양식. 선종의 서원 양식이 관원·무사의 주택에 채택된 것으로, 현재 일본식 주택은 거의 이 양식에 해당-옮긴이)라고 부릅니다. 쇼인즈쿠리가 간편해지면서 약간 더 품위를 갖춘 것이 스키야즈쿠리지만 스키야가 성립된 이유는 아즈치모모야마 시대에 화려함을 좋아하는 도요토미 히데요시의 쇼인즈쿠리와 그것을 부정하는 센노 리큐의 다실이 대결을 벌였기 때문입니다. 그 다실의 요소가 서원에 영향을 끼친 것이 스키야지요. 센노 리큐가 만든

암자 형식의 다실은 보기 드문 스타일로, 디자인의 개인적 자유를 보증하지요.

구마 소재주의에 자유로운 구성, 게다가 응축되고 세련된 독특한 세계를 이루고 있지요. 보통 자연을 의식하면 단순히 로그 하우스(log house. 방틀집-옮긴이)나 폐가가 되지 않겠습니까. 자연적인 것이나 우연성을 형식으로까지 높이는 것은 일본만이 가능한 일입니다.

후지모리 일본에서도 역사상 센노 리큐와 같은 시대를 살았던 다인들뿐입니다. 센노 리큐 일파 이외에는 민예의 세계로 빠져 버리니까요. 요컨대 농가의 세계지요. 그것도 나름대로 독특한 매력이 있습니다만.

센노 리큐는 오다 노부나가(織田信長)와 도요토미 히데요시가 만들어 냈다고 말할 수 있습니다. 오다 노부나가와 도요토미 히데요시가 남만 문화(南蠻文化)에 친숙해지고 있는 상황에서 센노 리큐는 그들을 주시하면서 사방 1.8미터의 암자 같은 방을 만들었지요. 그 방에서 도요토미 히데요시와 단둘이 네 시간이나 차를 마시며 꼼짝하지 않고 앉아 있자 도요토미 히데요시는 결국 화를 터뜨렸다고 하더군요.(웃음) 만화 『효게모노(へうげもの)』(전국 시대의 예술인 다도나 미술 등을 그린 작품-옮긴이)에서 지금은 센노 리큐 이상으로 유명한

후루타 오리베(古田織部. 아즈치모모야마 시대와 에도 시대 초기의 무장, 다인-옮긴이)가 "센노 리큐의 공간은 사람에게 고통을 안겨 준다."라고 표현했는데 맞는 말입니다. 저도 다실을 만들지만 사방 1.8미터보다는 넓습니다. 도저히 그렇게 작게 만들 수는 없습니다.

그리고 또 한 가지, 시기적으로 보면 센노 리큐는 르네상스 시대의 인물입니다. 미켈란젤로(Michelangelo)와 겹쳐지지요. 만약 덴쇼(天正) 사절단(1582년 규슈九州의 명문가 자제로 로마에 파견된 네 명의 소년이 중심을 이루는 사절단-옮긴이)처럼 그 시절에 센노 리큐가 바티칸을 방문했다면, 그는 미켈란젤로가 율리우스 2세의 명령을 받고 죽을 각오로 천장에 그림을 그리는 모습을 보았을지도 모릅니다. 그곳에서 두 사람이 대화를 나누었다면 권력자는 정말 한심한 존재라며 열띤 비판을 했겠지요.

센노 리큐는 그 시점에서 아무도 시도하지 않았던, 굳이 말한다면 인간의 원시적인 주거지를 작품화하고 결정화했습니다. 그가 매우 자각적이었을 것이라고 생각하는 이유는 다실의 크기입니다. 이것은 다빈치(da Vinci)가 그린 두 팔을 벌리고 있는 유명한 인체도와 같습니다. 그리고 다빈치 이상으로 센노 리큐가 건축을 이해하고 있었다는 생각이 듭니다. 그 이유는, 사방 1.8미터의 작은 다실 안에 불을 들여놓았기 때문입니다. 그 이전의 차는 소년이 끓여 온 차를 주인이 내놓는 형식이었지요. 다실에 불을 들여놓았다는 사실을 생각할 때, 센노 리큐는 정말로 건축 공간의 근원을 추구했다고 보아야 하지 않을까요.

센노 리큐가 초래한 대항 축

구마 센노 리큐가 그런 시도를 할 수 있었던 이유의 토대는 서양과의 만남이었을 것입니다. 미사에서의 예가 다도에 영향을 끼쳤다는 말도 있지요. 명주 수건을 다루는 방법과 미사에서 냅킨을 사용하는 방법은 매우 유사합니다. 미사에서는 '그리스도의 피'라고 부르면서 존경하는 마음으로 포도주를 마시지요. 중국의 차에는 그런 종교성이 없습니다.

후지모리 센노 리큐가 크리스천이었다는 설은 상상력을 자극하는군요.

구마 소설가 마루야 사이이치(丸谷才一)는 가부키가 예수회의 연극에서 영향을 받았다고 말했는데, 예수회 연극이 없었다면 가부키의 축제성은 성립될 수 없었을 것입니다. 지금은 사라져 버린 서양의 영향이 일본적이라고 불리는 그 시대의 문화 안에 꽤 많이 감추어져 있다는 느낌이 듭니다.

후지모리 아시아에서 일본의 에도 시대가 중국이나 한국과 전혀 다른, 신선함이나 초보적인 근대성을 갖춘 것은 아즈치모모야마 시대에 유럽과의 접점이 있었기 때문이라는 생각이 듭니다. 그때까지 줄곧 문화의 원리는 중국에 있었지요. 처음으로 전혀 다른 원리를 접했고, 그것이 센노 리큐 같은 형식으로 일본의 전통적인 문화와 연결된 것이지요.

단 근대 건축업계에서 센노 리큐의 중요성에 착안한 사람은 단게 겐조나 마에카와 구니오의 지도자인 호리구치 스테미까지이고, 전후의 건축가들은 그다지 눈길을 주지 않았습니다. 단게 겐조, 마에카와 구니오가 다실을 만든다고는 생각하기 어렵겠지요. 그래서 어느 정도 시간이 흐른 뒤 이소자키 아라타 등에 의해 부활되었지요. 구마 씨도 시도하고 있지만 이런 현상은 정말 신기합니다.

다실에 흥미가 있어서 센노 리큐에 대해 물어보기 위해 하라 히로시(原広司)[9]를 방문한 적이 있습니다. 그랬더니 "당신은 무슨 생각으로 다실을 만드십니까?" 하고 질문을 던지더군요. 경우에 따라서는 용서하지 않겠다는 표정으로.(웃음) 질문의 뜻을 이해했기 때문에 "당치 않습니다. 센노 리큐에게 대항한다거나 그를 넘어설 생각은 전혀 없습니다." 하고 대답했습니다. 그랬더니 "그럼 됐습니다."라고 말하기에 마음을 놓았습니다.(웃음) 그러고 나서 "나는 전 세계의 다양한 건축물을 보아 왔고 여러 건축가를 만나 보았습니다. 피라미드나 유럽의 모던 디자인, 대성당 등을 보았을 때는 문화적인, 나 자신에 대한 압박감이 대단했습니다. 하지만 내가 건축가로서 자리를 유지할 수 있는 것은 센노 리큐

덕분입니다."라고 말하더군요. 깜짝 놀랐습니다.

구마 전 세계의 집락을 조사한 하라 히로시가 그런 국수주의적인 말을 했다고요?

후지모리 네, 그렇습니다. 어느 순간, 자기도 모르게 그런 생각이 든다고요.

구마 센노 리큐는 서양이라고 하는 일종의 세계화를 일찌감치 경험하면서 세계화에 개인이나 지역이 대항할 수 있는 방식을 직관적으로 터득한 예술가였습니다. 약자가 세계화의 거대한 물결에 반발할 방법을 제시한 것이지요. 간단히 말하면 돈 없어도 멋진 건축을 할 수 있다는.(웃음)

후지모리 미적으로는 대항할 수 있지요.

구마 르네상스도 그런 시대니까요. 교회에 대해 개인이 일종의 민주적인 방법으로 대항한 것이지요. 특권 계급인 교황청이나 귀족적인 존재에 다빈치나 미켈란젤로는 크게 반발했습니다. 센노 리큐가 그런 방식을 서양으로부터 배웠다면 그것은 일본 사회 내부에서만 발생하지는 않았을 겁니다. 센노 리큐의 그런 혁명의 연장선 위에 현재의 무지(MUJI)나 유니클로(UNIQLO)가 존재한다고 말할 수 있습니다.

후지모리 그렇게 생각할 수도 있겠네요.

구마 일본은 역전하는 방법을 발견했습니다. 중국에도 그런 반발 의식은 없습니다. 중국은 정치적인 기성 권력을 새로운 정치권력이 대신하는 진정한 의미에서의 혁명이지요. 하지만 일본은 정치적이 아닌, 자신의 작은 다실 안에서 조용히 반발하는 형태를 취했다고 말해야 할까요.

1. 에지마-이쿠시마 사건(江島生島事件) _ 1714년, 늙은 에지마가 야마무라자의 가부키 배우 이쿠시마 신고로(生島新五郎)와 유흥을 즐겼다는 사실이 발각돼, 시나노(信濃)의 다카토(高遠)로 유배 갔다. 이쿠시마 신고로는 미야케지마(三宅島)로 유배 갔고, 천여 명의 인물이 연좌되면서 야마무라자는 문을 닫았다.

2. 오카다 신이치로(岡田信一郎. 1883~1932) _ 건축가. 도쿄 출생. 주요 작품으로 〈오사카시 중앙공회당〉〈하토야마(鳩山)회관〉〈메이지세이메이칸(明治生命館)〉 등이 있다.

3. 이토 추타(伊東忠太. 1867~1954) _ 건축가, 건축역사가. 야마가타 현 출생. 1893년 '호류지 건축론'을 발표, 일본 건축 역사 연구의 길을 열었다. 중국이나 인도 등에서 고전 건축을 조사하고, 윈강 석굴(雲崗石窟. 중국 산시 성 다퉁 서쪽에 있는 중국 최대 불교 석굴 사원-옮긴이)을 세계에 소개한 사람으로 잘 알려져 있다. 주요 작품으로 〈헤이안 신궁(平安神宮)〉〈메이지 신궁〉〈쓰키지혼간지(築地本願寺)〉 등이 있다.

4. 오토 바그너(Otto Wagner. 1841~1918) _ 빈을 중심으로 활약한 오스트리아의 건축가. 20세기 모더니즘 운동에 큰 영향을 끼쳤다. 주요 작품으로 〈칼스플라츠(Karlsplatz) 역〉〈빈 우편저금국〉〈슈타인호프(Steinhof)교회당〉 등이 있다.

5. 미스 반 데어 로에(Ludwig Mies van der Rohe. 1886~1969) _ 독일의 건축가. 철과 유리를 대대적으로 이용한, 단순하고 투명한 건축으로 잘 알려져 있다. 후에 미국에서도 활약했다. 주요 작품으로 〈바르셀로나만국박람회 독일관〉〈판스워스하우스〉〈베를린국립미술관 뉴갤러리〉 등이 있다.

6. 안도 다다오(安藤忠雄. 1941~) _ 건축가. 오사카 출생. 주요 작품으로 〈스미요시(住吉)의 나가야(長屋)〉 〈빛의 교회〉 〈이우환미술관(李禹煥美術館)〉 등이 있고, 저서로 『건축가, 안도 다다오(建築家 安藤忠雄)』 등이 있다.

7. 브루노 타우트(Bruno Julius Florian Taut. 1880~1938) _ 독일의 건축가, 도시 계획가. 1933년부터 1936년까지 일본에 체류. 주요 작품으로 〈철의 모뉴먼트(monument)〉 〈글라스하우스(Glass House)〉 등이 있고, 저서로 『일본문화사관(日本文化私觀)』 등이 있다.

8. 호리구치 스테미(堀口捨己. 1895~1984) _ 건축가. 기후 현 출생. 주요 작품으로 〈시엔소(紫烟荘)〉 〈메이지대학 이쿠타(生田) 교사〉 〈핫쇼칸(八勝館)·미유키노마(御幸の間)〉 등이 있고, 저서로 『센노 리큐의 다실(利休の茶室)』 등이 있다.

9. 하라 히로시(原広司. 1936~) _ 건축가. 가나가와 현 출생. 주요 작품으로 〈우메다(梅田) 스카이빌딩〉 〈JR교토 역〉 〈삿포로돔〉 등이 있고, 저서로 『집락의 가르침 100(集落の教え 100)』 등이 있다.

단지 이후의 집합 주택

하라 다케시

하라 다케시(原武史)
메이지가쿠인(明治學院)대학 교수. 1962년 출생. 일본정치사상사. 저서로 『다키야마 코뮌 1974(瀧山コミューン一九七四)』『쇼와 천황(昭和天皇)』『지진과 철도(震災と鉄道)』 등이 있다.

스타하우스와의 만남

구마 저는 오쿠라야마(大倉山. 가나가와 현神奈川縣 요코하마 시 橫浜市)에서 자랐습니다. 유치원 시절부터 도큐 도요코 선(東橫線)을 타고 덴엔초후(田園調布)까지 통학했기 때문에 '도큐 문화'에 익숙하지요. 저는 1954년생인데, 1950년대는 도요코 선 연선이 가장 큰 변화를 보인 시기입니다. 우리 집 바로 옆에 신칸 선(新幹線)의 신요코하마 역(新橫浜驛)이 생겼고 올림픽 직전인 1964년 10월에 개통되었습니다. 공사 현장까지 가서 역이 완성되는 모습을 지켜보았지요. 밭 한가운데에 콘크리트 고가가 만들어지던 모습이 지금도 기억 속에 남아 있습니다.

하라 도요코 선은 오쿠라야마와 기쿠나(菊名) 사이에서 신칸 선과 교차하지요. 다마가와(多摩川)에서 기쿠나 앞까지, 신칸 선이 잠시 병행하는 듯한 느낌이 듭니다. 저도 게이오(慶應) 출신이기 때문에 중·고등학교는 줄곧 도요코 선을 이용했습니다. 도요코 선 연선 중에서도 덴엔초후나 다마가와 주변은 다이쇼 시대 말기부터 주택지로 개발되었는데, 다마가와를 지나 가나가와 현으로 들어가면 역마다 다른 특징을 보입니다. 히요시(日吉)에는 게이오대학이 이전해 와서

대학가가 조성되었고 아미지마(網島)는 원래 역의 이름이 아미지마 온천이었습니다.

구마 연선의 모토스미요시(元住吉) 역에 있는 별 모양의 주택에 살던 친구가 있었습니다. 그 주택은 공단(일본주택공단)에서 지은 것입니까?

하라 모토스미요시 옆의 히요시에서부터 버스를 타고 가면 보이는 공단에서 지은 히요시 단지(현, 산바리에히요시)에는 별 모양의 주택, 즉 스타하우스가 세 동 있었는데 전체가 667호로 많지 않았습니다. 도요코 선 연선에 공단에서 지은 큰 단지는 없지요. 스타하우스는 공단에서만 짓는 것은 아니고 구 전전공사(電電公社. 일본전신전화공사)나 지방 자치 단체, 기업이 짓는 경우도 있었습니다. 히로시마 현 후쿠야마 시(福山市)에는 지금도 일본강관(현, JFE 스틸)의 사택으로 지어진 스타하우스가 남아 있습니다.

구마 지금도 여전히 사택으로 사용되고 있는지 모르겠군요. 별 모양의 콘크리트 주택을 방문하면 미래에 온 듯한 느낌이 들어서 어린 마음에 충격을 받았습니다. 지금 보아도 꽤 참신한 건축이지요. 최첨단 주택 전면에 360도에 가까운 출입구가 만들어져서 공중에 떠 있는 듯한 느낌을 줍니다.

하라 공단이 스타하우스를 적극적으로 건축한 시기는

히바리가오카 단지의 스타하우스

1950년대 후반에서 1960년대 전반까지로 그다지 길지 않습니다. 수도권에서 스타하우스가 남아 있는 공단 주택은 지바 현 마쓰도 시(松戶市)의 도키와다이라(常盤平)와 도쿄 기타 구(北區)의 아카바네다이(赤羽台) 세이부 선(西武線) 연선의 히바리가오카(雲雀丘)에 한 동이 보존되어 있습니다.
초기 단지는 구릉지가 아니라 평지나 대지 위에 건축된 것이 많았지요. 그 당시 눈에 띄는 건물의 하나로 스타하우스를 조성해서 판매한 것 같습니다.

구마 스타하우스의 기념비적인 면을 이용해서 평평한 토지 위에 만든 단지에 일종의 심벌을 창출하려 했던 것이지요. 신케이세이(新京成) 전철 도부(東武) 연선 근처에 단지가 형성된 이유는 값싼 토지를 통째로 구입할 수 있었기 때문인가요?

하라 그렇다고 볼 수 있습니다. 예를 들어, 주오 선(中央線)은 역 주변의 토지가 이미 상당 부분 주택으로 메워져 있었습니다. 도부나 세이부, 신케이세이의 경우에는 교외까지 나가면 단지로 즉시 전용할 수 있는 토지가 상당히 많았지요.

단지가 최신식 주택으로서 주목받은 1950년대 후반부터 1960년대 초반에는 사철(私鐵)이 적극적으로 단지를 유치했습니다. 간토(關東)의 경우 히바리가오카나 신토코로자와(新所澤), 마쓰바라(松原) 단지, 도키와다이라, 다카네(高根) 공단, 유리가오카(百合丘) 등 단지 이름을 딴 역 이름을 붙이는 것으로, 국철이나 다른 철도 회사에 대해 '지금은 우리가 더 새로운 존재다.'라는 메시지를 열심히 송신하려 했지요.

구마 사철이 선도해서 교외의 대규모 개발을 실시한 것은 전 세계적으로도 보기 드문 예입니다. 이것은 누구의 발명입니까?

하라 한큐(阪急)전철의 창업자 고바야시 이치조(小林一三)는 1910년 미노아리마(箕面有馬) 전기 궤도를 우메다(梅田)와 다카라즈카(宝塚), 미노(箕面) 사이에 개통시켰을 때, 교외의 개발로 정기적인 승객을 확보하기 위해 이케다(池田) 역 근처에 '이케다 신시가주택'이라는 최초의 주택 단지를 만들었습니다. 1기로 87구획을 분양해, 1910년 51구획이 매각되었습니다.

지금 제가 말씀드린 예는 사철이 부동산 회사로서 직접 주택도 개발한 것과는 다릅니다. 세이부, 도부, 신케이세이 등 공단과 사철 회사가 연계해 총 2,000~5,000호의 새로운 단지를 만든 것과 비슷한 경우지요. 주택은 공단이 건축하고 사철 회사는 거기에 편승하는 형식으로 역 이름을 바꾼다거나 새로운 단지를 위해 역을 만드는 것입니다. 세이부의 신토코로자와도 그런 경우에 해당하는데, 그 당시 가장 새로운 설비를 투입한, 참신한 역을 사철의 간판으로 삼은 것이지요.

구마 사철 회사 입장에서는 직접 주택까지 개발하는 쪽이 더 수익성 높을 텐데 그렇게 하지 않은 이유는 이른바 단지 개발의 노하우가 없었기 때문 아닐까요?

하라 그렇습니다. 그때까지 사철 회사가 개발해 온 주택 단지는 단독 주택이 기본이었습니다. 단독 주택으로 이루어진 주택 단지를 긴 시간 들여 끈기 있게 개발한 예가 도큐의 다마덴엔토시(多摩田園都市)입니다. 덴엔토시 선은 1966년에 개통되었는데, 1950년대부터 회장 고토 게이타(五島慶太)가 직접 시찰을 다니면서 지주들을 설득해 드넓은 토지를 매수했지요.

공단의 단지는 히바리가오카건 신토코로자와건 2,400~2,700호에 이릅니다. 사이타마 현(埼玉縣)의 소카마쓰바라(草加松原) 단지나 다케사토(武里) 단지에 이르면 6,000호 정도 되지요. 수천, 수만 명의 새로운 주민이 단번에 이주하기 때문에 단독 주택보다 훨씬 효율성이 높습니다. 그래서 사철이 이익을 창출하기 위해 뛰어든 것이지요. 일단 고객을 늘려야 하는 상황이었기 때문에 모든 주택을 임대 형태로 만들어 대규모 단지를 유치했습니다. 이 전략은 멋지게 성공했고 세이부는 최고의 수익을 올렸지요. 하지만 긴 안목으로 보면 이것이 단지의 이미지와 함께 사철의 이미지도 악화시키는 현상으로 이어졌습니다.

단지에서 찾아볼 수 있는 소련과의 동시대성

구마 지금 우리가 가지고 있는 이미지와 달리 단지는 사실 첨단 산업이지요. 거대한 중·고층 건축물을 세우고 수천 명의 사람을 모아 놓는 것이니까요. 우주 개발까지는 아니라고 해도 기술력의 결집 없이는 실현 불가능합니다. 당시 공단은 국가의 지원을 받으면서 첨단 산업을 이끌고 있었습니다. 따라서 사명감을 가진 매우 우수한 기술자 집단이었지요. 니시야마 우조(西山夘三)[1]를 비롯해 전후 건축 교육을 이끈 선생님들도 공단이나 그전의 영단(營團)에 일시적으로나마 적을 두었던 사람이 많았습니다.

하라 그렇습니다. 당시 공단 관계자는 집합 주택을 시찰하기 위해 소련까지 갔었습니다. 공단이 설립된 것은 1955년이고, 스타하우스가 완성된 것은 1950년대 후반부터입니다. 소련에서는 1953년에 스탈린이 사망하고 그 후 정권을 움켜쥔 흐루시초프의 시대에 모스크바나 레닌그라드 등의 대도시 교외에 대형 패널 공법으로 건설된 단지가 대량으로 형성되었습니다.

일본과 소련의 이런 동시대성은 매우 재미있습니다. 2009년 8월, 모스크바 교외의 체롬스키라는 곳에 1958년에 건축된

체롬스키(2009년, 촬영: 하라 다케시)

단지를 보았는데, 이곳이 정말 외국인가 싶을 정도로 놀라지 않을 수 없습니다. 5층 건물에 우편함이 있고 계단을 올라가면 문이 마주보는 상태로 이루어져 있는데, 베란다에는 세탁물이 널려 있고 아이들의 놀이터도 조성되어 있었지요. 아이들이 뛰어노는 모습을 어머니가 지켜볼 수 있는 풍경이었습니다. 저는 단지에서 자랐기 때문에 그런 풍경이 머릿속에 완벽하게 각인되어 있는데, 일본의 단지와 이 정도로 비슷한 풍경을 외국에서 본 것은 2008년 11월에 방문한 바르샤바 이외에는 없습니다.

고층이나 초고층 아파트는 세계 각지에 얼마든지 널려 있지요. 하지만 외국에서 일본의 단지 같은, 플래트 형식의 중층 건물이 규칙적으로 배열되어 있는 획일적인 풍경은 이제 과거 사회주의 국가에서나 볼 수 있지요.

구마 일본에 공산주의 정권이 형성된 것도 아닌데 단지의 풍경과 소련의 노동자 주택은 전 세계를 둘러보아도 독특하게 비슷한 형식을 취하고 있지요. 그런 예는 미국이나 동유럽을 제외한 유럽에는 없습니다. 미국에서는 제1차 세계 대전 전후의 주택난에 어떻게 대응할지 고민하고 있을 때, 기본적으로 주택 융자를 이용해 단독 주택을 유도한다는 제도를 채택했습니다. 반공 사상이 급격하게 높아지면서 집합 주택은 공산주의의 온상이라고 생각했기 때문이지요. 사회민주주의적 좌경화 시대인 1920년에 유럽의 빈이나 베를린에 완성된 집합 주택은 규모가 소련이나 일본만큼 거대하지 않았고, 도시의 기존 맥락에 대한 배려가 있었습니다. 디자인도 훨씬 변화가 많았고 지극히 인간적이었지요.

소련과 일본에는 기능적인 것을 대량 공급한다는 공통성이 있었지만, 결정적인 차이는 일본의 단지는 노동자를 위한 것이 아니었다는 점입니다. 소련은 20세기는 공업 시대이므로 그 중심을 담당하는 노동자를 위한 주택을 공급한다는 거대한 목적이 있었던 반면, 일본의 단지는 지적 수준이 높은 샐러리맨을 대상으로 삼는다는 성격이 강했지요. 그들이 일본 고도성장의 주역이 된 것입니다.

하라 단지라고 해도 공단과 다른 도영, 현영, 시영 등의 공영 주택은 다릅니다. 즉 공단의 경우에는 지금 구마 씨가 말씀하신 것처럼 입주 조건으로 수입이 월세의 4.5~9배 이상 되어야 한다는 식의 제약이 있었기 때문에 화이트칼라가 중심을 이루었지요. 그중에서도 히바리가오카 단지는 황태자 부부가 시찰했을 정도로 이미지가 좋았습니다. 그곳에서 생활하는 주민들은 대부분 세이부 선을 이용해서 이케부쿠로(池袋)로 출퇴근하거나 이케부쿠로에서 다시 도심으로 출퇴근하는 샐러리맨들이었습니다. 대학 교수나 신문 기자도 많이 살았지요.

하지만 소득이 지나치게 많은 사람은 들어가지 않았습니다. 예를 들어, 도쿄의 동쪽에 조성된 도영 단지(都營團地)는 블루칼라에 해당하는 사람들이 많이 입주했지요. 총 호수로 본다면 도영 단지는 도야마(戶山) 하이츠, 기리가오카(桐丘) 단지, 무라야마(村山) 단지, 나가후사(長房) 단지 등을 제외하면 3,000호

히바리가오카 단지를 시찰하던 당시의 황태자 부부
(1960년 9월 6일, 제공: 마이니치신문사)

이상의 단지는 조성하지 않았습니다. 3,000호 이상 대단지는 대부분 공단이 지은 것이지요. 스타하우스나 테라스하우스를 조성한 것도 주로 공단이었습니다.

구마 국가는 공단을 이용해서 일본의 주택 정책을 이끌려고 했으나 공단이 사회적 욕구나 임차 주택의 소셜하우징(Social Housing)의 필요성과 관계없이 지적인 중산 계급을 위한 주택 공급이라는 당초 목적에 구속되어 일방적으로 일본적인 틀 안에서의 진화에 매진한 것이 그 후 주택 정책의 경직화와 좌절을 초래했지요.

예를 들어 공단의 가장 표준적인 방 배치로 '51C 타입'이 있는데, 오늘날 건축계에서는 전후의 경직화된 주택 정책의 상징이라고 보고 있습니다. 사회학자인 우에노 치즈코(上野千鶴子)는 51C 타입의 설계가 그 후 일본의 주거 공간을 규정했다고 말했습니다. 그러나 이 타입에서 가장 인기를 모은 것은 주방과 침실의 분리라는 새로운 라이프스타일에 대응하는 설계가 아니라 다이닝 키친이라는 구체적인 부분이었습니다. 깨끗하고 근대적인 주방 세트 옆에서 식사를 한다는 것이야말로 새로운 서양적·미국적 라이프스타일이라고 오해했지요. 따라서 방 배치 문제가 아니라 다이닝 키친이 중요한 의미를 가졌습니다. 이 물신 숭배도 일본적이라고 말할 수 있습니다. 사회학자나 건축가는 그 점을 간과하기 쉽지요.

건축에서 혁명이?

하라 스테인리스로 이루어진 개수대나 수세식 화장실, 가스레인지 등을 갖추어 두고 콘셉트도 다양하게 설치했기 때문에 통계적으로도 단지의 주민은 일반 가정과 비교해 가전제품 보급률이 훨씬 높습니다. 그런 의미에서 공단은, 이른바 미국적인 생활을 실현하고 있다고 보았겠지요.

하지만 단지에 실제로 거주하는 주민은 즉시 여러 가지 문제에 직면했습니다. 공단이 의도하지 않은 문제들도 포함되어 있었지요.

예를 들면, 공단의 경우에는 일정한 소득 이상이 되지 않으면 입주할 수 없기 때문에 모두 어느 정도 무리해서 입주합니다. 그럴 경우, 아버지의 급료만으로는 생활이 힘들어 맞벌이를 해야 하는데 아이를 맡길 보육원도 없고, 유치원이나 초등학교도 부족했지요. 히바리가오카에서도 호야정(保谷町)에는 초등학교나 보육원이 완성되었지만, 구루메정(久留米町)에는 없었지요. 물가는 비싸고, 상점에는 물건이 제대로 갖추어져 있지 않고, 버스 요금이 비싸고, 막차가 일찍 끊기고, 철도 운임이나 집세가 툭하면 올라가고, 수돗물이 깨끗하지 않은 등의 문제가 잇따라 발생했습니다.

그러자 보육 시설을 개설하기 위해 관청과 교섭한다거나 근처 농촌과 직접 교섭해서 노천 시장을 여는 식의 예상치 않은 움직임이 일어났지요. 히바리가오카 단지에서는 고토부키식품(壽食品)이라는 건어물 상점이 처음으로 팩에 든 멸치를 유아용으로 판매해 큰 성공을 거두었는데, 현재 외식 체인점으로 유명한 '스카이라쿠(すかいらーく)'의 원조입니다.

한편 단지에 자치회가 만들어지자 주부들이 정치에 눈을 뜨기 시작했습니다. 특히 물가나 육아 문제에 매우 민감해서 여자들이 단지에 들어가 다양한 운동을 펼쳤지요. 집합 주택에서 모두 같은 문제로 고민한다는 사실을 알고 하나가 되어 대처하는 행동은 혁신적인 정치의식을 갖추는 계기가 되었습니다. 1960년대 대부분의 단지에서 혁신 세력이 강화된 이유는 그런 사람들이 처음부터 공산당 지지자였기 때문이 아니라 단지에 들어가서 정치의식을 갖추었기 때문입니다.

즉 소련에서는 처음부터 정치적 목적을 바탕으로 집합 주택을 조성했지만 일본에서는 집합 주택이 조성되어 혁신적인 정치의식이 형성된 것입니다. 입주 조건이 까다로운 공단에서 공산당이 지지 기반을 확대해 나간 배경에는 집합 주택이라는 형식이 존재했던 것입니다.

구마 일본에서는 어느 시기부터 집합 주택의 건설 자체가 목적이 되어 버렸습니다. 도준카이(同潤會)는 처음에는 간토 대지진 피해를 입은 부흥 주택으로 구빈(救貧)한다는 성격을 갖추고 있었습니다. 중산층을 위한 지적이고 편안한 주택으로 점차 전환되면서 기존 도시와의 연계를 의식해 커뮤니티 활성화를 도모하는 여러 가지 연구가 수반되었지요.

하지만 전후에 공단이 등장하면서 공공시설을 창조하려는 이런 공공 지향성이나 단지의 환경 전체에 대한 관심이 식으면서 하이칼라를 대상으로 건축물을 대량 공급하는 기술자적인 우수성만 남았습니다. 요컨대 대상을 철저하게 분석, 연마해서 고품질로 만든다는 일본인의 나쁜 버릇이 등장한 것이지요. 그 결과, 커뮤니티가 무너져 이번에는 주민들이 그 공백을 메우려 했습니다. 공급자 쪽은 사회적인 의식을 잃었는데 주민들이 사회적 의식을 스스로 만들어 낸 것이지요.

하라 특히 공단의 경우, 일정한 수입 이상의 사람들만 입주하게 하는 방식을 써서 다양한 인텔리들이 입주했습니다. 대학 교수나 기자 외에 후와 데쓰조(不破哲三)[2]나 우에다 고이치로(上田耕一郎) 등 장래 공산당의 간부가 된 사람들이었지요.

오사카의 고리(香里) 단지는 히라카타 시(枚方市)라는

게이한(京阪) 전차역에서 버스를 이용해 도착할 수 있는 장소에서 오사카나 교토로 쉽게 나올 수 있기 때문에 교토대학의 교수들이 많이 이주했고, 다다 미치타로(多田道太郎)나 히구치 긴이치(樋口謹一) 등 인문과학연구소의 인물들을 중심으로《고리메자마시 신문》이라는 작은 지역 신문이 탄생했습니다. 이 신문은 1960년 보안에 대한 위기감으로, 단지의 시민주의를 일깨우자는 동기에서 '고리가오카 문화회의'가 발간한 것입니다. 문화회의는 규약을 없애고 당파성을 배제했지요. 그래서 사르트르(Sartre), 보부아르(Beauvoir), 리스먼(Riesman)을 초대하고 마쓰다 미치오(松田道雄)를 불러 자녀 교육을 위한 교실을 열기도 했습니다.

히바리가오카 단지에서는 1960년 안보 투쟁 때 세이부 연선의 네리마 구(練馬區)에 살던 철학자 구노 오사무(久野收)나 도쿄대학의 사카모토 요시카즈(坂本義和)와 시노하라 하지메(篠原一), 요코하마시립대학(横浜市立大學)의 도야마 시게키(遠山茂樹)라는 사람이 대동단결해 '무사시노 선(武藏野線) 시민회의'를 만들었습니다. 후와 데쓰조 등은 히바리가오카에서의 강연을 듣고 가담할지 고민하다가 결국, 별도로 '히바리가오카 민주주의를 지키는 모임'을 만들었지요.

이 모임은 무사시노 선 시민회의나 고리가오카 문화회의와 달리 처음부터 공산당적인 성향이 강했습니다. 1962년 쿠바 위기가 발생했을 때는 당시 공산당의 슬로건이 그대로 회보에 실렸을 정도니까요.

단지 전체를 보아도 1960년대에는 공산당의 힘이 부쩍 강해졌습니다. 히바리가오카 단지에 이어 히가시쿠루메(東久留米) 단지, 다키야마(瀧山) 단지 등 공단의 대단지 건설이 꼬리를 이은 구루메 정이 가장 전형적인 예인데, 1958년에는 3.4퍼센트에 지나지 않았던 공산당의 득표율이 1969년에는 21.3퍼센트에 이르렀지요.

구마 미국이 20세기 초에 예측하고 경계한 것처럼 일본에서는 실제로 집합 주택이 공산주의의 온상이 된 것이군요.

하라 결국 그렇게 된 것이지요. 그 시기에 공산당이 힘을 얻은 이유는 학교 문제, 철도 문제, 버스 문제, 집세 문제 등에 가장 관심을 가지고 대응해 준 것이 공산당이었기 때문입니다. 당시의 급박한 문제들이 서서히 해결되고 단지 주민들의 인구가 크게 감소했기 때문에 지금은 그렇게 큰 힘이 없습니다만. 단지 안에 붙은 포스터를 보면 지금도 공명당(公明党)이라는 조직의 뿌리가 깊다는 느낌이 듭니다.

구마 20세기 건축업계의 최대 리더였던 르 코르뷔지에의

"건축인가, 혁명인가!"라는 유명한 말이 있습니다. 그는 사람들에게 물질적 만족을 주고 혁명으로부터 사회를 지키는 것이 건축이라고 했습니다. 건축은 일종의 불만 해소라는 정의지요. 반대로, 건축물 조성으로 사회의식이 높아지면서 혁명으로 치달은 것이 일본의 단지입니다. 이것이 재미있는 부분입니다. 소련에서는 단지 건설 이전에 혁명이 있었기 때문에 건축은 노동자들에게 만족을 주는 재료로서 기능을 했지만 일본에서는 반대로 단지라는 건축이 혁명적 분위기를 고취시켰지요.

하라 1955년 '일본공산당 제6회 전국협의회' 이후, 공산당은 무력 투쟁 노선에서 부드러운 의회주의로 전환했으니까 혁명으로 달린 것은 오히려 도시의 목조 임대 아파트 등에 살던 신좌익이나 전학공투회의(全學共鬪會議)였을 것입니다. 연합적군(連合赤軍)의 '아사마(浅間) 산장 사건'이 발생한 1972년 총선거에서는 공산당이 창당된 이후 가장 많은 38의석을 차지했습니다. 도쿄, 오사카, 가나가와 등 도시 지역에서 완승을 거둔 것이 엄청난 소득이었지요. 신좌익의 쇠퇴와 유화 노선을 추진한 공산당의 약진이 눈에 띈 해였습니다.

신좌익이나 전학공투회의의 움직임에 눈길이 모아진 1960년대, 공산당 간부는 선거 때마다 교외의 단지를 열심히 돌아다녔습니다. 저는 1962년생으로 히바리가오카 단지에 살았는데, 부모님의 말씀 중에서 제가 가장 뚜렷하게 기억하는 사람은 노사카 산조(野坂參三)[3]입니다. 집에 누가 찾아오면 일단 "노사카 산조가 왔다." 하고 말했던 것 같습니다. 노사카 산조가 선거 때마다 얼마나 자주 단지를 돌아다녔는지 알 수 있지요.

집합 주택의 터닝 포인트

하라 공단도 초기에는 스타하우스나 테라스하우스 등 이른바 획일성을 피하기 위한 나름대로의 배려가 있었다고 생각합니다. 국회 질의에서도 콘크리트 주택은 우리의 정신을 빼앗아 버린다는 이유로 반대 목소리가 나왔지만 공단은 그것을 무시하고 도입했지요.

그런데 막상 뚜껑을 열어 보니 단지의 인기가 엄청나서 공단은 완전히 자신감을 얻었습니다. 1963년 전국통일형표준설계 '63 타입'이 작성되자 획일적인 플래트 타입의 중층 건물이 대량으로 조성되었습니다. 1963년에서 1972년까지 건축된 단지가 모두 비슷한 이유는 그 때문입니다. 가장 좋은 예가 제가 살았던 다키야마 단지입니다. 전체 3,180호인데, 모든 건물이 5층으로 세워진 플래트 타입이기 때문에 구분하는 것조차 어렵습니다. 그때가 소비에트형 대형 단지에 친화성이 가장 높았던 시기로, 1973년 이후 변화하게 됩니다. 다마 뉴타운처럼 다양한 타입의 단지가 분산되는 풍경으로 바뀌어 가지요. 그러자 내 머릿속에서 그것은 더 이상 단지가 아니라 그야말로 '뉴타운'이라는 느낌이 들더군요.

다키야마 단지

구마 1970년대에는 민간 맨션도 등장해 공단과 대결을 펼쳤습니다. 민간은 다양한 장식이나 특징 있는 집합 주택으로 나름대로 고객을 모았지요. 그런 상황에서 조직의 존속을 위해 집합 주택을 지을 수밖에 없는 공단이 개발해 낸 것이 다마 뉴타운입니다. 이것저것 필요한 만큼 그러모아 놓은 것이지요. 설립 초기의 목적을 상실한 공적인 주체가 밟아 온 20세기 말의 비극적 숙명이 그대로 드러난 것입니다.

저는 공단, 현재의 UR(도시재생기구. 일본주택공단은 1981년부터 주택·도시 정비공단, 2004년부터 UR이 되었다.)이 시행한 시노노메(東雲. 도쿄 고토 구江東區)의 집합 주택 일부를 설계했습니다. 창고 자리를 주택으로 전용한 것으로, 공단이 일찍이 갖추고 있던 라이프스타일 주도형의, 꽤 심혈을 기울인 프로젝트였지요. 공단은 지금까지 주택에 작업장이 들어가는 것을 금지했습니다만, 시노노메는 위층에 학원이나 상점도 열 수 있는 소호 타입의 임대 주택으로서 화제가 되었습니다. 통로 쪽을 유리로 마감한 방을 만들어 기존의 '답답한' 이미지도 없앴습니다. 하지만 민간에서도 즉시 조치를 취했기 때문에 시노노메는 단발 효과로 끝났습니다. 21세기의 공적인 주체로 어떤 도시를 만들 수 있을지, 그 가능성과 한계를 동시에 알게 되었지요.

하라 공단 단지의 초기 성향은 어디까지나 임대가 주체를 이루었습니다. 대단지는 모두 임대라고 말해도 맞을 정도였지요. 1DK, 2DK, 3DK(앞의 숫자는 방의 개수. D는 dining room, K는 kitchen. 즉 방 한 개에 주방 겸 거실이라는 형식. 2DK는 방 두 개에 주방 겸 거실이 됨. 한편 LDK라고 표시되는 경우는 living room이 추가되는 것임-옮긴이)를 준비한 것은 신혼부부는 1DK, 아이가 한 명 태어나면 2DK, 한 명 더 태어나면 3DK, 그리고 단독 주택으로 옮겨

간다는 흐름을 가정한 것입니다.

하지만 실제로는 아이가 더 태어나도 2DK에서 계속 생활하는 사람이 많았지요. 후와 데쓰조도 히바리가오카 단지에 9년 동안 살았습니다. 후와 데쓰조는 그때까지 살았던 니시오기(西荻)의 목조 임대 아파트와 비교하면 아이가 있어도 2DK는 넓어 보였다고 하더군요.

1960년대 후반으로 들어서면 분양을 주체로 삼는 단지들이 등장합니다. 다키야마 단지도 전체 3,180가구 중에서 분양이 2,120가구, 임대가 1,060가구로, 분양 쪽이 많았습니다. 분양 주체 단지는 단지를 이른바 단독 주택이라는 생각으로, 적어도 그 시점에서는 단지에 영원히 거주한다는 생각으로 매입하는 것이지요. 주택 부족 현상이 좀처럼 해소되지 않자 30회 이상 추첨에서 떨어지는 사람들이 나오는 등, 단지의 인기가 떨어지지 않자 공단 입장에서는 분양하는 쪽으로 방향을 바꾼 것이지요. 단지는 일본인 본래의 주거 형태가 아니라는 감각이 되살아나기는커녕 단독 주택을 구입할 때까지 임시 주거지라는 의미조차 사라져 버린 것이 이 시기입니다.

구마 20세기 초, 유럽의 집합 주택은 임대였습니다. 기본적으로 도시에서 분리된, 투자를 위한 '상품'이 아니라 투자나 자산 형성과는 아무 관계없는 도시 내부의 시설로, 생활 기반의 변화에 맞추어 다시 다른 장소로 이주하는 것이 도시의 주거 생활이라는 발상이었죠. 이것이 집합 주택에 대한 건전한 정의입니다.

그런 정의에서 벗어나 '주택 사유'라는 판도라의 상자를 열어 버린 것이 그 후 집합 주택을 둘러싼 모든 문제의 근원입니다. 공단도 자기들이 경제적으로 존속하기 위해 빨리 자금을 회수할 수 있는, 분양이라는 안이한 길을 선택했습니다. 엥겔스가 "주택 사유는 인간을 농노(農奴) 이하의 존재로 만든다."라고 예언했듯, 주택 사유를 통해 얻을 수 있는 안도감은 픽션에 지나지 않습니다.

유럽의 집합 주택도 20세기 후반부터 사유화로 방향을 잡았습니다. 네덜란드에서 MVRDV[4]를 비롯한 젊은 건축가들이 손을 댄 디자인을 중시한 공영 주택 붐이 일어난 계기도 임대에서 사유로의 전환이었습니다. 사유 시스템 도입으로 건축에 돈이 들어가고 참신한 디자인이 등장했지요. 임대에서 사유로의 전환은 일시적으로는 경제를 활성화시키지만 판도라의 상자는 한 번밖에 열리지 않습니다. 이후에는 맥이 빠져 버릴 뿐입니다.

하라 단 도큐덴엔토시 선에서는 모든 주택을 분양하는, 그다지 크지 않은 단지를 조성하기 위해 도큐가 역 부근에

MVRDV가 지은 암스테르담 교외의 집합 주택(제공: Arcaid Images)

소유하고 있던 토지를 공단이나 가나가와 현 주택공급공사에 분양했습니다. 이것은 매우 전략적인 생각이었습니다. 단독 주택 주체의 주택 단지는 개발될 때까지 시간이 오래 걸리기 때문에 일단 도큐의 단독 주택에 어울리는 최소한의 단지만 조성해서 안정적인 고객 확보를 노린 것이지요.

다마프라자 단지나 덴엔토시 선의 아오바다이(青葉台) 단지가 그런 예입니다. 모두 3DK나 3LDK로, 1960년대 후반에 건축된 단지로서는 꽤 넓은 방을 배치해 모든 주택을 분양하는 형식이었기 때문에 단지가 아니라 맨션으로 불리지요. 한편 다키야마 단지는 현재 예순다섯 살 이상 주민이 40퍼센트를 넘는 등 주민들의 고령화가 진행돼 가치가 완전히 떨어져 버렸습니다. 저는 1975년 다키야마에서 아오바다이 단지로 이주했는데 다키야마 단지를 떠날 때 매각한 금액보다도 지금이 더 떨어졌습니다. 한편 아오바다이는 두 배 이상 올랐고요.

도큐 연선의 단지들도 건축한 지 40년 이상 지났기 때문에 개축 시작 시점에 놓여 있습니다. 하지만 기존 주택을 리폼할 뿐, 인기는 떨어지지 않고 있습니다. 매물이 거의 나오지 않거든요. 최근에는 젊은 부부나 가족의 입주가 증가해 공원에서는 아이들이 뛰어노는 목소리가 끊이지 않습니다. 다른 단지에서는 생각할 수 없는 일이지요. 단독 주택이 주체를 이루는 교외에 존재하기 때문에 단지의 가치가 떨어지지 않는 것입니다.

구마 지금 세계의 분양형 집합 주택에서 자산 가치가 오르는 경우는 거의 없습니다. 그런데도 사유라는 허구적인 욕망을

엔진으로 삼아 어떻게든 경제를 돌리려 하는 데에 근본적인 모순이 존재합니다. 실제로는 거대한 콘크리트 쓰레기만이 도심에 늘어 가는 것이지요. 이런 세상을 물려받아야 하는 후세들은 어떻게 될까요. 중국의 경제조차 지금은 공업 생산이 아닌 주택 버블에 의지하고 있을 정도입니다.

하라 그렇습니다. 2010년 5월 상하이(上海)에 가보았는데 지하철이 교외까지 뻗어 있더군요. 지하철에 올라타면 점차 지상으로 나가게 되는데 눈에 띄는 것은 사람들이 살지 않는 고급 주택, 아시야(芦屋)나 덴엔초후도 미치지 못할 정도의 고급 단독 주택 지역들이었습니다. 그것들은 별장으로서 매매되고 있는데, 부자들이 단순히 투자 대상으로 구입하고 있는 것 같더군요.

구마 중국에서는 토지를 매입해서 직접 집을 짓는 행위가 허가받기 어렵기 때문에 업자가 땅을 매입하고 개발해서 별장이라고 불리는 매각용 주택을 짓는 방식으로만 단독 주택을 짓고 있습니다. "지난번에는 영국식으로 지어서 매각했으니까 이번에는 일본식으로 지을 수 있도록 설계해 주십시오." 하는 느낌이지요. 개발업자는 주택의 사유화라는 허구적 욕망을 이용해서 매각한 후 이윤을 챙기는 것일 뿐 장기적인 도시의 모습이나 커뮤니티에는 아무런 관심이 없습니다. 공산주의 국가에서조차 그런 상황입니다. 일본과 마찬가지로, 중국 사회의 왜곡은 모두 주택에서 나온 것입니다.

하라 하지만 일본에서는 토지의 사유화가 인정되는 만큼 도큐 연선 같은 단독 주택이 주를 이루는 교외와 세이부 연선 같은 단지가 주를 이루는 교외의 대조가 지금 선명하게 드러나는 것 아닐까요. 단지는 결국 고도성장기에 주택 부족 현상을 해소하기 위해 지어진 과도적인 주택으로 자리매김하지 않겠습니까. 그런데 이런 주택들은 고도성장기의 주민 의식을 상당히 높게 가정하고 조성한 듯한 느낌이 듭니다. 일본에서는 공간과 사상의 관계에 관해서 연구하는 학자가 아직 부족하지만 건축학과 정치학의 접점은 실로 다양하다는 생각이 드는군요.

1. 니시야마 우조(西山夘三. 1911~1994) _ 건축학자, 도시계획가. 오사카 출생. 주방과 침실의 분리라는 주택 양식을 주장했다. 저서로 『미래의 주거(これからのすまい)』 등이 있다.

2. 후와 데쓰조(不破哲三. 본명 우에다 겐지로上田建二郎. 1930~) _ 정치가. 도쿄 출생. 1947년 일본공산당 입당. 도쿄대학을 졸업한 뒤 일본철강산업노동조합연합회 서기 담당. 1966년 당 중앙위원으로 승격. 1969년 총선거에서 처음으로 당선. 1970년에는 신설 당 서기국장으로 취임. 저서로 『후와 데쓰조-시대의 증언(不破哲三 時代の證言)』 등이 있다.

3. 노사카 산조(野坂參三. 1892~1993) _ 정치가. 야마구치 현 출생. 1922년 창립한 공산당에 입당. 1931년 밀출국해 코민테른 일본 대표로 소련에서 활동. 1940년에는 저우언라이(周恩來)와 함께 모스크바를 출발해 중국 옌안(延安)에서 반전 활동 전개. 귀국해 전후 첫 총선거에서 당선. 1958년 당 의장으로 선출. 1992년 전쟁 전 동지를 스파이 혐의로 소련에 밀고했다는 이유로 당에서 제명. 저서로 『풍설의 발자취(風雪のあゆみ)』등이 있다.

4. MVRDV _ 네덜란드 건축가 집단. 1991년 설립. 주요 작품으로 〈하노버만국박람회 네덜란드관〉 〈마쓰다이유키구니 농경문화마을센터〉 등이 있다.

도시와 건축을
연결하는 질감

사사키 마사토

사사키 마사토(佐佐木正人)
생태 심리학자. 1952년 출생. 도쿄대학 대학원 교육학연구과 교수. 저서로 『레이아웃의 법칙(レイアウトの法則)』 『어포던스 입문(アフォーダンス入門)』 『디자인의 생태학(デザインの生態學)』 등이 있다.

'정보는 빛에 있다'

구마 어포던스(affordance)라는 사고방식을 알게 된 것은 제가 히로시게(廣重)미술관의 디자인에 착수하기 시작한 1990년대 후반이었습니다. 벽이나 바닥, 사람의 피부 등 인간을 둘러싼 모든 표면은 입자로 이루어져 있고 각각 '질감'을 가지고 있다는 관점에 큰 영향을 받았습니다. 그래서 그것을 건축 디자인의 한 축으로 삼기로 했습니다.

사사키 제임스 깁슨(James Gibson)[1]이 그 말을 들었다면 기뻐할 것입니다.(웃음) 그는 동물에게 행위의 가능성을 부여해 주는 환경의 성질을 어포던스라는 말로 표현했지요. 예를 들면, 갈증을 해소해 주고 더러움을 제거해 주고 식혀 주고 녹여 주고 위에 무엇인가 띄워서 운반하는 것 등은 모두 물의 어포던스입니다. 어포던스는 행위의 원인이라고 오해하기 쉽지만 오히려 행위의 '귀결'이지요. 행위의 진행을 끊임없이 주시하지 않으면 알 수 없습니다. 동물은 주변에 어포던스가 많이 잠재해 있는 장소에 기거하면서 새로운 발견을 하고 물질을 활용하지요. 그런 것들이 관찰의 묘미입니다.

깁슨은 심리학자로서 환경을 대상으로 의미를 발견한 사람입니다. 그는 태평양 전쟁 때 공군비행훈련지령부에 종군하면서 지각 연구 프로젝트를 담당했을 때 질감을 발견했지요. 비행 중인 파일럿이 어떤 식으로 '거리'를 보는지 조사했습니다. 그러나 어두운 실험실에 작은 광점(光點)을 제시하고 빛까지의 거리를 묻는 테스트의 성적은 파일럿이 현장에서 보여 주는 시각 능력과 거의 관계가 없었습니다. 즉 심리학 실험실에서 실시하는 '입체시(stereopsis) 능력'은 하늘을 날면서 적기까지의 거리나 운항 중인 비행기의 자세를 지각하는 것과 관계없다는 것이지요.

전환기가 된 것은 '지면'의 발견이었습니다. 실험실을 나온 깁슨은 세상에는 지면이 존재한다는 사실을 깨달았습니다. 그리고 지면을 포함해 주변의 모든 표면에는 독자적인 질감이 있다는 사실도 발견했습니다. 구마 씨가 말씀하신 것처럼 주변의 표면을 자세히 살펴보면 입자들이 깨끗하게 정렬되어 있지요. 그 질감의 변화율과 유동 패턴을 통해 사물까지의 거리나 지면의 기울기, 즉 지금까지 거리라고 여겨졌던 것들을 지각하는 것이라고 여겼지요.

그때까지 3차원의 지각은 2차원의 망막에 비친 상을 뇌가 해석해서 만들어 내는 것이라고 여겨졌습니다. 환경에 존재하는 것은 빈약한 자극뿐이고 나머지는 그것을 보는 주체의 구성 능력이라는 것이지요. 그러나 깁슨은 1950년대에 시각을 가진 동물은 '공간'이 아니라 질감 있는 지면 위에서 움직이는 것이기 때문에 '표면'으로부터 시각을 포착해야 한다고 지적했습니다.

1960년대로 접어들면서 그는 시각을 위한 빛의 이론인 유명한 생태광학(ecological optics) 이론을 제기합니다. 그때까지는 광원으로부터 직진해 눈에 들어오는 방사광만 시각으로 생각했지요. 하지만 광원으로부터의 빛은 눈에 들어오기 전에 지면이나 바닥, 천장, 벽, 사물 등 주변의 다양한 표면에 초고속으로 부딪혀 그곳에 존재하는 입자에 의해 산란합니다. 이 산란 반사가 무한대로 되풀이되면서 공기(매개질)를 메우지요. 결국 공기 속 모든 장소, 모든 방향으로부터 빛이 교차하는 것입니다. 깁슨은 이 빛을 '환경광(Ambient Light. 물체에 투사되는 빛 중에서 광원으로부터 직접 오지 않고 다른 물체에 반사되어 도달하는 간접광-옮긴이)'이라고 불렀습니다. 광원으로부터 오는 방사광(放射光)은 단순한 자극이지만 환경광은 '정보'가 되지요. 환경광에는 주변 물체 표면의 레이아웃이 투영되어 있습니다. 깁슨의 유명한 말 중에 "정보는 빛에 있다(Information is in the light)."라는 말이 있습니다. 환경광을 시각의 근거로 삼는 이 사고방식은 수천 년에 이르는 전통적인 시각론에 커다란 전환을 초래했습니다.

시각의 근거가 빛 쪽에 있다고 가정하면 재미있습니다. 오징어 등의 연체동물이나 인간의 눈 같은, 상을 집결하는 렌즈를 가진 '요(凹)' 자 형태의 홑눈이건, 빛을 받아들이는 작은 원통 모양의 입구가 밀집되어 있는 곤충의 겹눈이건, 주변을 보기 위해 환경광의 구조를 심화한다는 점에서는 마찬가지입니다. 꿀벌이나 철새가 통과하는 환경광의 '빛'의 양을 거리(이동량) 정보로 삼는다는 사실을 실제로 증명한 연구가 있습니다. 어떤 동물이건 빛의 질감의 흐름을 통해서 주변 환경과 자기 이동이라는 양쪽을 다 보지요. 눈은 자극의 입구가 아니라 빛의 구조를 찾는 장치인 것입니다.

구마 그렇다면 인간은 '상(像)'만으로는 공간을 체험할 수 없다는 말씀인가요?

사사키 상이라는 것은, 인간이 화면이나 모니터 위에 만들어 낸 것이지요. 상에는 윤곽이 있습니다. 예를 들어 누군가의 얼굴을 스케치할 때, 보통 윤곽을 먼저 그리는데 실제 얼굴에는 윤곽 같은 것이 없습니다. 얼굴은 피부라는 특징적인 질감을 가진 작은 표면의 응집입니다. 지금 제가 얼굴을 옆으로 돌리면 구마 씨가 보고 있는 제 얼굴의 '정면'에 해당하는 작은 면이 지금까지 뒤쪽에 감추어져 있던 옆얼굴을 구성하는 작은 면들에 의해 가려지는 변화가 발생합니다. 얼굴을 구성하고

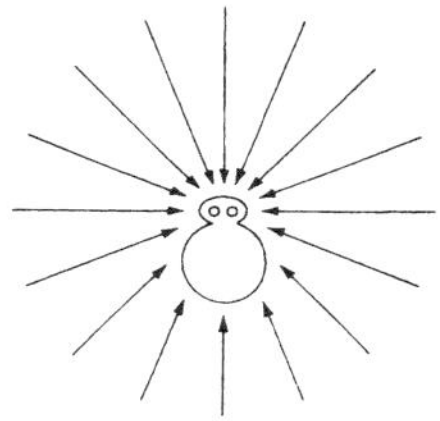

환경광

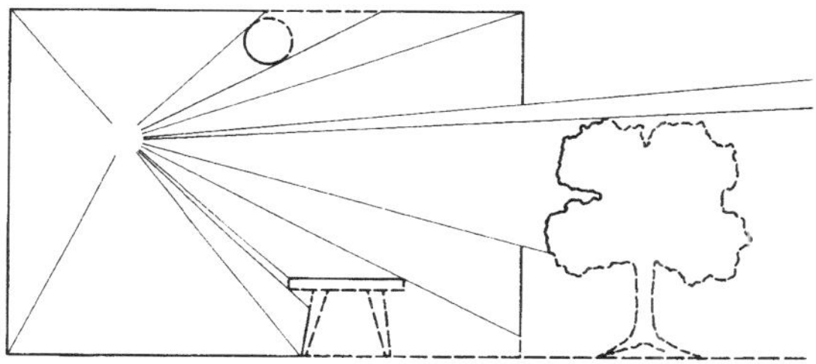

환경광에는 주위 표면의 배치가 360도 투영된다(사사키 마사토, 『레이아웃의 법칙』)

있는 면끼리 발생하는 가림 현상에 의해 얼굴 전체를 지각할 수 있는 것이지요.

이 면들 사이의 상호 차단은 환경광에 빛의 질감이 교차되면서 투영됩니다. 저는 강의할 때 농담 삼아 예전 카바레에 있던 미러볼을 상상하라고 말합니다. 반짝거리는 빛의 응집된 부분이 여기저기에서 다른 빛으로 치환되지요. 그것이 '얼굴을 돌린다.'라는 시각 정보에 해당합니다.

〈워터/글라스〉(촬영: 후지쓰카 미쓰마사藤塚光政)

빛의 질감의 위치가 변하는 이 표면이 시각의 근거입니다. 이것은 차단의 면이지 윤곽선이 아닙니다.

상은 벽에 막대를 이용해 그림을 그리는 데서 유래되는 문화적 산물입니다. 실제로 망막에 비치는 것은 빛의 입자의 흐름이지요. 구마 씨는 아타미 시(熱海市) 닛코 저택 옆의 〈워터/글라스〉 프로젝트를 통해서 "입자 같은 건축물을 만들고 싶다."라고 썼는데 시각은 그야말로 환경광의 입자에 의해 창출되는 것이지요.

구마 모더니즘 건축의 초기 단계에는 디자인이 윤곽을 결정하는 것이라고 여겨 르 코르뷔지에의 건축도 순수 기하학을 기초로 삼은 이른바 윤곽주의에 근거를 두고 있었습니다. 윤곽의 조합이 디자인이라는 의식은 현재의 건축 이론에도 이어지고 있습니다. 하지만 도시 내부에서 건축의 윤곽은 일조권 등을 비롯해 대부분 법률에 의해 결정되기 때문에 그 제한 안에서 경제적으로 성립되는 건물을 만들려고 하면 건축의 윤곽은 자동으로 결정되어 버립니다. 건축가는 사실상 윤곽을 거의 이용할 수 없지요. 건축가에게 남겨지는 일은 주어진 윤곽 안에서 창문을 만들거나 표면을 장식하는 것뿐입니다.

이 문제로 고민할 때 깁슨과 사사키 씨의 책을 읽고 '입자'를 적절하게 디자인할 수 있다면 윤곽은 인간의 체험에 거의 영향을 끼치지 않으니까 굳이 윤곽을 대상으로 싸울 필요가 없다는 사실을 깨달았습니다. 빛을 받아들이는 방법 역시 모더니즘 건축에서 렘브란트(Rembrandt)의 회화처럼 빛이 어떤 방향에서 비쳐 들어와 그림자가 생긴다는 식으로 생각했고 르 코르뷔지에도 그것을 전제로 삼았습니다. 하지만 그런 빛은 극히 특수한 경우에 해당하지요. 빛이 입자와 밀접한 관계에 있다는 사실도 깁슨에게서 배웠습니다.

제 디자인에 대해서 말한다면, 격자는 입자를 의식하는 데서부터 만들어진 디자인입니다. 입자는 빛을 통해 전혀 다른 존재로 나타나는 것으로, 입자의 크기와 놓여 있는 방향, 그리고 빛이 일체가 됩니다. 대부분의 경우, 조명은 윤곽이나 질감의 전체적인 디자인이 갖추어진 이후 마지막으로 디자인되어 왔습니다. 저는 반대로 어떤 빛의 상태가 필요하고 어떤 표면이 필요한지에 기점을 두고 전체적인 디자인을 시작합니다. 순서를 역전시킨 것이지요.

사사키 지구의 진화에서도 동물이 등장하기 전부터 주위 표면의 레이아웃을 비추는 빛의 질감이 가득 차 있었습니다. 약간 과장해서 표현한다면 그 어떤 것보다 빛의 정보가 선행했지요.

구마 인간은 근대적인 관점을 내세워 눈에 비치는 대상을 윤곽으로 환원해 애당초 생물이 가지고 있던 빛에 대한 감성을 상실한 것 아닐까요. 빛에 대한 근원적인 인식 쪽으로 다시 한 번 인간의 신체를 개방한다면 인간이 만드는 건축이나 도시가 달리 보일 수도 있겠지요. 훨씬 풍요로워질 것입니다.

이동하는 사람은 무엇을 보는가

사사키 저는 오랫동안 빛의 감각이 없는 중증 시각 장애인을 따라다니면서 끈질기게 주변에 무엇이 보이느냐고 물어보는 필드 워크를 실행했습니다. 열 명 정도 인터뷰했는데, 모두 혼자 걷는 능력이 있는 사람들이었습니다. 그 결과 빛 없이 거리를 걸을 때는 이동하는 측면, 즉 옆에 있는 거리의 배열이 결정적으로 중요하다는 사실을 알게 되었습니다.
특히 벽이나 가옥 없이 '열려 있는 장소', 즉 그곳에서 다른 길로 이어지는 장소에 있는 소리의 변화가 들리지 않으면 이동할 수 없습니다. 그렇기 때문에 실명을 하면 '열린' 장소에서 멈추는 연습을 여러 번 반복하지요. 맹도견도 훈련 중일 때는 거리 옆의 배열에 매우 민감해 10미터 정도 폭의 차도 건너편 보도 옆의 골목에서 일어나는 일에도 반응해서 걸음을 멈춥니다.

눈으로 보고 이동하는 사람은 자신이 측면의 환경에 그다지 신경 쓰지 않는다고 생각하는 경우가 많습니다. 하지만 집이나 벽의 소재, 고저의 변화, 옆에서 들려오는 반향이나 희미한 바람 소리, 틈새에서 들여다보이는 경치 등 다양한 감각이 겹쳐지는 형태로 몸을 움직이는 것이지요. 지금 어떤 장소에 있는가 하는 것은 그런 주변의 흐름이 결정하는 것입니다.

구마 히로시게미술관을 찍은 영상 안에서 가장 마음에 드는 부분은 격자 옆을 걸으면서 마치 핥듯이 세밀하게 촬영한 장면입니다. 그 영상을 보면 그 공간을 정말로 경험한 듯한 느낌이 들지요. 걸어가는 방향의 정면 공간을 촬영한 영상은 실감이 느껴지지 않습니다. 유럽의 건축은 기본적으로 축선주의(軸線主義)로 자신이 걷고 있는 축선 앞에 모뉴멘털(monumental)적인 상을 두고 그곳을 향해 직진해 가는 형식으로 조성되어 있습니다.

사사키 이동의 종료 지점을 보여 주지요.

구마 그것은 대부분 그리스·로마 이후의 고전주의 기법인데, 일본 건축의 기법에서는 이동하는 옆에 해당하는 측면, 그리고 턴의 디자인을 중요시하지요. 그런 의미에서, 일본인의 감각은 보다 생물의 '원시성'에 가깝다고 말할 수 있지 않을까요.

사사키 어쨌든 위에서건 옆에서건 동물은 이동할 때 표면을 봅니다. 자연적인 질감 안에서 표면이 변화를 보이거나 반복되거나 순환되는 것을 보고 꽤 먼 거리까지 왔다는 사실을 실감하지요. 어떤 동물이건 시각 의식의 중심에는 이런 배열이 있습니다.

구마 일본적 디자인과 장소를 인지하는 방법은 관계가 있습니까?

사사키 디자인에 대해서는 잘 모르지만 지금 여기에 있다, 그리고 전체 안의 어디에 있다, 이 두 가지 감각이 겹쳐지는 현상이 장소를 의식하는 본질이라고 생각합니다. 제가 놀란 것은 가쓰라 이궁(桂離宮)입니다. 그곳에서는 한 걸음 내디딜 때마다 경치 전체가 완전히 바뀝니다. 이동할 때의 시각을 이렇게까지 다중으로 겹쳐지도록 만드는 설계도 존재한다는 사실을 처음 깨달았지요. 몸의 방향을 약간만 틀어도 전혀 다른 경치가 나타납니다. 걸음을 옮기면서 마치 날고 있는 듯한 느낌이 들지요. 경로에 시각적인 분기점이 몇 개나 존재하기 때문입니다.

구마 가쓰라 이궁에서는 정원의 질감에 따라 다양한 지시가 주어집니다. 예를 들면, '진 · 행 · 초(전통적인 표현 미학으르, 진眞은 격식을 갖추는 것, 행行은 격식에서 벗어나는 것, 초草는 그 중간의 것-옮긴이)'와 돌 배치 방법을 다르게 하는 것으로 영역을 구분하는 것은 물론 다른 영역에 들어갔다는 사실을 확실히 알 수 있게 합니다. 그리고 그 연장선에서 나무 바닥을 까는 방법이나 다다미(疊. 속에 짚을 넣은 돗자리-옮긴이) 배치 방법까지 생각하지요. 이음매가 없는 플로어를 디자인했기 때문에

가쓰라 이궁의 '진(眞)'으로 배치된 징검돌

'행(行)'으로 배치된 징검돌

'초(草)'로 배치된 징검돌

(촬영: 이시모토 야스히로石元泰博,
『가쓰라 이궁 공간과 형태
桂離宮 空間と形』에서)

일본식 공간의 전체적인 구도가 잡혀 있습니다. 즉 플로어를 디자인한다는 의미에서 건축가와 정원사라는 구분이 존재하지 않지요. 일본 디자인의 토대는 깁슨의 사고와도 상통하는데 상과 윤곽을 중요시하는 20세기 타입의 시각 이론을 초월한 미래성을 느끼게 합니다.

사사키 우선 멀리서 건물 전체를 봅니다. 옆으로 다가감에 따라 다른 수준의 질감이 보이지요. 질감은 구별 없이 연결되어 있습니다. 이 연속적인 질감을 따라 이동합니다. 사실 자연의 경치는 모두 그렇습니다. 멀리서는 산이나 숲이 보이지만 가까이 가면 나무줄기와 가지가 보이지요. 그리고 더 가까이 가면 잎이 보입니다. 접근, 후퇴, 우회에 의해 보이는 다양한 질감이 '자연의 디자인'에서는 서로 연결되어 있습니다. 깁슨은 이것을 네스팅(nesting)이라고 불렀습니다. 이동은 그런 시각의 흐름과 일체화되지요. 이런 흐름은 가역적이기 때문에 그곳에서 원래의 장소로 돌아갈 수도 있습니다.

일상에서 발생하는 사건도 마찬가지입니다. 아침에 일어난다, 아침 식사를 한다, 집을 나선다, 지하철에 올라탄다, 여기까지 걸어온다, 구마 씨와 이야기를 나눈다 등, 순서를 따라가면 과거나 미래 어디든 이어지는 연속적인 형태이며 여기에 뚜렷한 구분은 없습니다. 식사를 예로 들어도 음식을 차례로 입에 넣지만 본인이 자각하지 못하는 사이 지속적인 공급이 이루어져 만족스러운 식사를 마칠 수 있는 것이지요. 모든 동작이 마찬가지입니다. 말하고 듣고 보고 호흡하고 자세를 유지하는……. 어떤 움직임이건 모두 자연스럽게 연결되는 형태로 이루어집니다.

구마 그 네스팅 구조가 건축 재료의 디테일이라고 하는 부분뿐 아니라 도시 부분에서도 사라지고 있습니다. 파리는 전형적인 20세기 이전의 도시 계획 사상으로 형성되어 왔기 때문에 문화 시설이나 직장, 카페나 광장 등 다양한 것이 포함되어 있습니다. 하지만 20세기 미국의 도시는 용도 지역제(zoning)를 기본으로 삼아 형성되었기 때문에 고밀도 상업 지역과 한산한 주택 지역이 완전히 분리되었습니다. 생물로서는 양쪽 모두 살기 불편한 환경이 되어 버렸지요. 20세기 초에 강력하게 제기된 '유기적 건축'도 근대적 신체감, 즉 오건(Organ. 동식물의 기관, 장기-옮긴이)과 특정 기능이 대응한다는 유치한 기능주의를 바탕으로 방을 배치했기 때문에 지금 보면 강렬한 위화감이 느껴집니다. 거실이나 주방이 이른바 장기에 해당했지요. 일본의 건축은 명확한 기능을 부여하지 않습니다. 다다미방이 있을 뿐이었죠. 이곳에서는 식사도 하고 장례도 치르는 등 어떤 행위에도 대응할 수 있었습니다.

사사키 일본 가옥의 인테리어는 미리 계획을 짜기보다 생활하면서 몸에 맞추어 가는 형식이지요. 즉 융통성이 있습니다. 일단 좁습니다. 그렇기 때문에 선택의 폭이 넓다는 '모순'이 존재하지요.

환경이 초래하는 변화

구마 사사키 씨가 소개한 다윈의 지렁이 관찰에도 꽤 흥미를 느꼈습니다. 직접 판 터널 입구를 막으려는 지렁이는 어떤 형태의 잎이건 적절하게 대응해서 땅속으로 끌어들이려 하지요. 다윈은 "지렁이에게도 지능이 있다."라고 말했다더군요.

사사키 말년의 다윈이 아들과 함께 실시한 관찰을 정리한 『지렁이와 흙』에 나오는 내용입니다. 저는 다윈의 관찰을 물려받을 생각으로 풍뎅이를 바닥에 뒤집어 놓고 일어나는 모습을 관찰했습니다. 풍뎅이 옆에 부채, 나무젓가락, 끈, 차조기 잎 등 여러 가지 물건을 놓아 보았지요. 그 결과 풍뎅이가 일어나려면 사물에 의지할 필요가 있다는 사실을 알게 되었습니다. 사물에 존재하는 '일어나기 위한 어포던스'는 세 종류였습니다. 바닥과 사물의 테두리(틈새)에 뒷다리를 걸치고 온몸을 들어 올립니다. 잎이나 끈을 끌어안고 둥근 등을 옆으로 흔들어 일어납니다. 나무젓가락을 아래쪽에서 끌어안고 그 아래쪽을 이동해 막대 끝 부분에서 어깨를 돌려 빠져나오듯 몸을 뒤집어 일어납니다.

사물의 성질과 풍뎅이의 회전이 하나의 세트를 이루어

풍뎅이가 사물을 이용해서 일어나는 모습(부채의 테두리)

시그램빌딩(『건축 20세기 PART2』에서)

세 가지 형태로 나타났습니다. 중요한 것은 일어나기 위한 동작을 찾을 때 행위에 변화가 발생한다는 것입니다. 즉 어포던스가 행위에 변화를 주는 것이지요. 어떤 행위를 하려면 환경이 절대적으로 필요한데, 그 환경이 행위에 유연성을 제공해 주는 것입니다.

구마 그런 유연성과 다양성을 어떤 식으로 추구할 것인지가 앞으로 건축의 과제라고 생각합니다.

20세기 초에 미스 반 데어 로에라는 독일의 건축가가 유니버셜 스페이스(universal space), 즉 어떤 생활을 하더라도 자유롭게 대응할 수 있는 공간을 제안했습니다. 그가 실제로 손을 댄 것은 요즘의 오피스텔 같은 건축입니다. 그는 유리로 이루어진 커튼 월(curtain wall. 칸막이 구실만 하고 하중을 지지하지 않는 바깥벽-옮긴이)이 규정하는 윤곽 안에 다양한 파티션을 사용해 공간을 자유롭게 조립할 수 있도록 연구했지요. 일본의 건축에서 아이디어를 얻었답니다. 생활의 다양성을 허용하는 유니버셜리즘(universalism)을 의식했다는 점에서는 귀중한 시도지만 견고한 윤곽과 20세기 방식의 청결주의가 발목을 잡아, 결과적으로는 유니버셜은커녕 생활 자체가 배제된 듯한 답답한 공간이었습니다. 예를 들어, 그가 설계한 뉴욕 시그램빌딩(Seagram Building)의 조명은 원 플로어 원 스위치였습니다. 전부 전기가 들어오거나 꺼지는 방식이지요. 그는 그렇게 하지 않으면 아름답지 않다고 잘라 말했습니다. 저는 그와 반대로 윤곽이 분명하지 않은, 정리되지 않은 것에서 융통성이 탄생한다고 생각합니다.

사사키 임상 심리학계에서 유명한 밀턴 에릭슨(Milton Erickson)이라는 최면술사는 사랑이 식은 부부는 침대에서 잠을 잘 때 서로 위치를 바꾸어 보고, 아버지가 세상을 떠나 슬픔에

잠겨 있는 가족은 식탁 끝에 아버지의 작은 사진을 놓아두라고 조언했습니다. 물건의 배치를 약간 바꾸는 것만으로 도저히 벗어날 수 없다고 생각한 의식이 바뀐다는 거죠. 습관화된 의식의 토대에는 아무래도 주변 물건들의 레이아웃이 존재하는 것 같습니다.

구마 그러고 보니 어린 시절 가구를 재배치하기 위해 가족회의를 자주 열었던 기억이 떠오릅니다. 과거 일본의 가옥에서는 어느 곳에나 소파를 놓을 수 있었고 어느 곳에서나 잠을 잘 수 있었지요. 가족회의를 할 때 가장 지혜로운 의견을 제시하는 사람은 여든이 넘은 할머니였습니다. 할머니는 마치 마법을 부리듯 완벽하게 가구를 배치하셨습니다. 일상생활에서는 할머니가 주역이 되지 않았지만 가구를 재배치할 때는 최고의 리더십을 보여 주셨습니다.(웃음)

'분리된 사물'에의 친근감

사사키 깁슨은, 사물은 다양하지만 단 두 종류로 구분할 수 있다는 대담한 말을 했습니다. '어태치드 오브젝트(attached object)'와 '디태치드 오브젝트(detached object)'지요. 즉 부착물과 유리물(遊離物)로 번역되는데, 지면에 깊이 뿌리를 내리고 있어서 강한 파도도 견뎌 내는 나무나 문, 문손잡이 등이 부착물에 해당하고 그 밖의 사물, 사람이 들고 다니는 것이나 운반할 수 있는 것들은 유리물에 해당합니다. 후자는 지면이나 바닥에서 분리할 수 있지요. '움직이는 아기 사전(『어포던스의 관점에서 영유아의 성장을 고찰』의 부록 DVD)'을 만들기 위해 0세부터 1세의 유아를 관찰해 보고 이 이분법의 의미를 이해했습니다. 아기는 생후 20주 정도에 처음 사물에 손을 뻗습니다. 아기가 손을 뻗는 사물은 대부분 유리물입니다. 또 아장아장 걸음을 옮기기 시작할 무렵의 아기는 대부분 손에 무엇인가 들고 있습니다. 그것도 양손에. 걷기라는 모티베이션에는 이곳에 있는 사물을 저곳으로 가져간다는, 사물의 레이아웃 교체가 존재하는 것 같습니다.

구마 무엇이 유리물인지 발견하는 능력은 갓난아기도 일찌감치 갖춘다는 말씀인가요?

사사키 네. 발견 대상이 되는 이유는, 사물에는 바닥에서 떨어지는 성질이 있기 때문입니다. 부착물, 즉 무거워서 도저히 옮길 수 없는 사물에는 처음부터 손을 뻗지 않지요.

구마 저는 디자인할 때 가능하면 다양한 사물을 디태치드 오브젝트로 느끼게 하고 싶습니다. 얇게 만들면 무거운 사물도 디태치드 오브젝트로 보이지요. 강도 면에서 말하면 전체 중량을 바꾸기는 어렵지만 끝 부분을 얇게 만드는 것만으로 그 순간, 그것이 우리에게 익숙한 편안한 사물로 느껴집니다. 네즈(根津)미술관 외벽과 지붕도 끝 부분은 철판을 얇게 만들어서 사용했습니다.

철판은 보통 각을 구부려서 도시락 모양으로 만드는 쪽이 가공하기 쉽고 방수 효과도 좋습니다. 하지만 네즈미술관에서는 외벽뿐 아니라 건물 내부에도 그런 도시락 형태의 디자인을 선택하지 않았습니다. 나무판자도 일부러 얇아 보이도록 했지요. 견고하면서 두꺼워 보이는 쪽이 고급이라는 견해도 있지만 저는 끝부분을 극단적으로 얇게 만들어서 디태치드로 보이는 쪽을 중시했습니다.

사사키 분리된 사물을 갖다 놓은 듯한 느낌 말씀이지요? 그 이상 부착시키지 않고?

구마 부착시키지 않고 분리시켜서 그림자를 만드는 것입니다.

철판끼리의 틈새도 중요해 틈새가 너무 좁으면 그것이 하나의 견고한 면으로 보이기 때문에 하나하나의 입자가 자립할 수 없습니다. 즉 독립할 수 없지요. 독립적인 느낌은 틈새 폭의 절대치가 아니라 패널 한 장의 크기와 틈새 치수의 균형으로 결정되기 때문에 그 비율에 신경을 가장 많이 씁니다.

사사키 구마 씨의 건축물을 보면 층이 분리되는 곳을 알아보기 어렵습니다. 즉 이것으로 끝이라거나 여기부터 시작이라는 느낌이 들지 않습니다. 그래서인지 히로시게미술관은 규모가 엄청나지만 답답한 느낌이 들지 않더군요.

구마 처음부터 디태치드 오브젝트의 개념을 염두에 둔 것은 아니고 각 부분마다 공간의 기분 좋은 소통을 추구하다 보니 자연스럽게 그런 결과가 나온 것입니다. 그런 독립적인 느낌은 판잣집의 섬세함과도 통합니다. 아시아의 판잣집들을 보고 그리움이나 안정감이 느껴지는 이유는 사실 그런 디태치드 오브젝트의 집합체로서 도시가 형성되어 있기 때문인지도 모르지요.

사사키 그런 판잣집은 지면에 단단하게 고정되어 있지 않지요. 강풍이 불면 날아갈 수도 있을 정도로.

구마 사실 일본식의 기본에 존재하는 것은 판잣집 같은 섬세함입니다. 그런 성질을 고급 미술품을 전시하는 박스 같은

네즈미술관(촬영: 후지쓰카 미쓰마사)

호샤쿠지 역 천장(촬영: 아노 다이치阿野太一)

미술관에 응용하는 의외성, 나름대로 놀이를 즐기는 듯한 감각도 있었습니다.

사사키 도치기(栃木)에 있는 호샤쿠지(宝積寺) 역의 천장은 마치 벌집 같아서 나무가 복잡한 격자 모양으로 짜여 있습니다. 계단을 올라가면 돌기 배열이 된 천장이 '손을 뻗어 와서' 잡아당기는 듯한 느낌이 듭니다. 그곳을 출퇴근하는 사람들은 이 감각을 평생 잊지 못할 것 같더군요.

구마 그 천장도 일반적으로는 보드를 연결해서 내부를 감추지요. 구멍을 뚫어 놓으면 벌레들이 기어 나오거나 통기성 등 여러 가지 문제가 발생하니까요. 하지만 역의 동쪽 입구에 있는 초쿠라(ちょつ蔵)광장의 석벽에 마름모 형태를 이용한 표면 기법을 시도했더니 꽤 기분 좋은 장소가 만들어져서 역의 천장에도 같은 표면 기법을 사용해 구멍을 뚫은 것입니다. 평평하게 막혀 있는 장소를 걸으면 답답하지요.

사사키 울림도 꽤 다르겠군요.

구마 그렇습니다. 소리와 시각을 포함해 그런 질감에 대해서 생물은 즉각적으로 반응하니까요.

'흐름'으로서의 생활

사사키 자기 자신의 이동 속도나 목표물까지의 거리는 모두 표면의 흐름을 토대로 지각합니다. 그런 정보가 없는 세계는 빛이 점차 사라지면서 어두워지기 직전의, 구조가 사라진 세계지요. 짙은 안개 속 같은……. 자신이 흔들리는 것인지 걷는 것인지 자세조차 확실히 인식하기 어렵습니다. 그곳에 약간의 빛이 들어와 표면이 떠오르는 순간 자신의 움직임도 보입니다. 거리에는 그런 식으로 어렴풋해서 알아보기 어려운 장소와 약간 알아볼 수 있는 장소, 그리고 분명하게 알아볼 수 있는 장소 등의 단계적 변화들이 연결되어 있습니다. 정보의 농도차가 존재하는 것이지요. 뇌는 분석하는 것이 아니라 그런 정보에 동조하는 것입니다.

구마 디자인의 기본은 입자에 대한 감성이라고 생각합니다. 동물이 갖추고 있는 일종의 기본적인 감각으로 돌아가지 않으면 인간을 위한 도시 계획은 이루어질 수 없지요. 머리로 생각한 도시 계획은 결국 분리시키거나 축을 통한다는 식의 유치한 인공적 원리로 생산되는 것이어서, 실제로 동물이 지면 위를 이동할 때의 사실적 감각과 동떨어진 거리가 만들어집니다.

저는 격자의 치수를 정할 때 그 주변을 둘러봅니다. 주변 건물의 거칠기와 기준 치수는 장소에 따라 다릅니다. 간단히 말하면 주변이 거친 경우에는 격자를 너무 섬세하게 만들면 그 섬세함이 지나치게 부각되기 때문에 칸을 크게 만들지요. 섬세한 자연환경이라면 반대로 작게 만들어도 충분히 입자들의 감각이 남습니다. 그래서 숲 옆의 히로시게미술관에서는 작은 입자들을 사용했습니다.

어쨌든 주변 건물의 입자가 어느 정도 거친지는 직접 가보지 않으면 알 수 없습니다. 흔히 해외의 새로운 프로젝트를 시작할 때 현장 사진을 보내 주며 설계해 달라고 부탁하는 경우가 있는데, 그것만으로는 가장 중요한, 주변 환경의 가장 기본적인 정보인 입자의 크기를 모르기 때문에 설계할 수 없습니다.

사사키 거리에는 섬세하게 흘러가는 표면을 압도하는 존재도 있습니다. 그런 것도 현장에 가보지 않고는 파악하기 어렵지요. 예를 들어 신주쿠 역 근처를 걸어가는 시각 장애인에게는 거리를 가로질러 달리는 JR(Japan Railway) 열차의 소리가 결정적인 역할을 합니다. 그 소리와의 거리감을 통해 자신의 위치를 확인할 수 있으니까요. 시부야는 거리 전체가 절구 모양의 지형입니다. 겨울의 아바시리(網走)에서는 시각 장애인이 당황하는 경우가 많다고 합니다. 바다에 유빙이 흘러와 파도 소리가 들리지 않으면 장소 감각을 잃기 때문이지요. 아마 건물이나 수목의 배치 같은 표면적 흐름의 정보를 강이나 바다의 소리, 산에서 불어오는 바람, 지면의 기울기 등을 포함해서 전체적으로 감지하기 때문일 것입니다.

구마 도시에는 바다나 산이라는 자연적인 요소와 철도나 도로 같은 비교적 새롭게 만들어진 요소가 공존합니다. 그것들 전부를 생물로서의 인간을 둘러싸고 있는 조건으로 보고 도시 계획을 생각해야 합니다. 과거의 인공 대 자연이라는 사고방식은 더 이상 통하지 않습니다.

사사키 지형이나 기상 조건, 전철을 타고 내리는 것 등 다양한 수준을 연결하는 것이 습관이고 생활이지요. 잡다한 주변의 사물을 통해서 복합적으로 보이는 '장소 어포던스'를 발견할 수 있다면 건축 아이디어는 얼마든지 생각해 낼 수 있을 것입니다. 건축과 그 주변이 끊임없이 연결되어 있는 것이 도시의 즐거움이겠지요.

구마 디자이너는 건축을 따로 분리해서 생각할 것이 아니라 생활이라는 일종의 흐름에 의해 접속되는 하나의 시퀀스(sequence)로 포착해 건축과 도시의 표면을 어떻게 연결할 것인지 동물적인 능력을 연마해야 할 것입니다.

1. 제임스 깁슨(James Jerome Gibson. 1904~1979) _ 미국의 심리학자. 저서로 『시각 월드의 지각(The Perception of the Visual World)』 등이 있다.

도시 계획의 승부(상)

도시에의 책임

미노하라 게이

미노하라 게이(簑原敬)
도시계획자. 1933년 출생. 저서『성숙을 위한 도시 재생(成熟のための都市再生)』『지역 주권으로 시작하는 진정한 도시 계획·지역 만들기(地域主權で始まる本當の都市計畫·まちづくり)』, 편저『도시계획-근본부터 재조명해 새로운 도전으로(都市計畫、根底から見なおし新たな挑戰へ)』등이 있다.

플래너의 책임이란

미노하라 구마 씨의 『약한 건축(負ける建築)』을 정말 재미있게 읽었습니다. 하지만 한 가지 마음에 걸리는 점은, 무엇을 대상으로 강하고 약하다 혹은 이기고 진다는 것인지 정확하게 알 수 없었습니다. 띠지의 광고 문안을 보면 패배하는 것이 승리하는 것이라고 설명되어 있는데, 실제로 구마 씨가 말하고 싶은 것은 그렇게 단순한 의미가 아니지요? 우선 그것부터 물어보고 싶군요.

구마 계기는 지금까지 대선생으로 존경해 온 건축가들과 한 획을 긋고 싶다는 생각이었습니다. 전 세대(대선배로는 단게 겐조, 그 후에는 이소자키 아라타, 구로카와 기쇼라는 스타 건축가들)가 활약한 시기는 기본적으로 경제 성장 시대였고 공업화 사회였습니다. 건축은 그 견인차 역할로 기대를 모았고 종합 건설은 힘 관계에서 압도적으로 강한 입장에 놓여 있으면서 형식적으로는 건축가를 내세워 이런저런 일 처리를 해왔기 때문에 계획하는 행위나 그것을 담당하는 건축가의 존재가 실제 이상으로 거대하다는 픽션이 부풀어 올랐습니다. 그들도 그 픽션을 이용해서 '거대한 존재'처럼 행동했지요.

미노하라 '패배'라는 표현은 그런 픽션을 전제로 삼고 있는 것이군요. 그러나 나의 직업적인 감각으로는 건축가, 도시계획가는 일단 승리를 거두어야 한다고 생각합니다. 시대에 뒤처진 계획에 매달려 완고한 고집만 내세우는 관료, 단기적인 이해득실 관점으로 거래만 생각하는 시민, 그리고 문화도가 낮고 이윤만 생각하는 자본에 대해 싸울 수 있는 태세를 갖출 필요가 있으니까요.

구마 건축가의 일상은 그야말로 다양한 상대와 일대일로 체스 대전을 벌이는 것과 같아서 승리를 거두지 못하면 계획하는 입장에서 살아남을 수 없습니다. 하지만 제가 문제 삼는 것은 사회에 대한 기획자의 근본적인 위치입니다. 거대한 사회와의 관계에서는 건축가 또는 기획 행위 자체가 사회에 대해 봉사하는 겸허한 존재여야 합니다.

'사회 대 건축가'의 명쾌한 역할 분담은 더 이상 존재하지 않습니다. 사회는 물론이고 시민도 극히 다양하게 뒤엉켜 20세기 미국의 주민 운동이 대전제로 삼았던 단순화된 '시민 대 디자이너' '시민 대 정치'라는 대립 구도도 사라졌습니다. 이른바 게임의 규칙이 보이지 않으면서 누가 어떤 행동을 해야 좋은가 하는 것조차 알 수 없는 상황이지요.

미노하라 그 감각은 충분히 이해합니다. 하지만 솔직히 말해서 시민 쪽이건 고객 쪽이건 말이 통하지 않는 사람이 너무 많으니까 그런 상대에 대해서는 역시 적절한 기법을 활용해 승리를 거두려는 자세를 취해야 하지 않겠습니까?

구마 계획자는 도면을 그리는 전문 지식이 있다는 점에서 시민에 대해 이른바 우위에 서 있습니다. 그 중압감, 책임감을 받아들이고 우위에 서 있는 만큼 스스로 '패배'를 짊어지고 평행한 관계로 시민이나 고객과 공동 작업을 해야 한다고 생각합니다.

바꾸어 말하면, 20세기에는 실력에 편승한 오만한 계획자와 단순히 머리만 조아리는 계획자밖에 없었습니다. 화제성이 높은 건물의 패키지를 담당하는 '유명한' 계획자와 클레임을 피하기 위해 클라이언트의 의향을 철저하게 존중하고 지역 전체에 대한 장기적 관점 없이 보신만 도모하는 무기력한 계획자라는 양극화가 존재했지요.

미노하라 계획자가 지나치게 자신을 낮춘 결과, 광고업체와 건설 회사가 실제 디자인에 개입하거나 시민이 민법적인 소송을 거는 형태로 계획을 좌지우지하는, 나아가 1919년에 성립된 시가지건축물법('건축기준법'의 전신)을 토대로 삼고 있는 현재의 법 제도를 내세워 공공 단체가 미래를 전혀 고려하지 않고 계획을 방치하는 사태가 발생했지요.

따라서 문화의 질을 지키기 위한 승리가 필요합니다. 도시 계획이나 건축은 다양성도 포함한 문화의 질을 보장하는 것이니까요.

구마 그것은 '승리'가 아니라 '책임감'이지요. 승패의 문제는 아닌 듯합니다.

일본 건축업계의 불행은 종합 건설에서 인 하우스(in house)로 끌어안고 있는 디자이너들이 결국 계획자로서의 자부심을 잃었다는 것입니다. 실제는 그들이 일본의 도시 하드웨어의 상당한 부분을 디자인하고 있지요. 자부심 없는 그런 자세가 문화로서 일본에 침투해 버렸습니다.

미노하라 일본의 대다수 계획자는 자본의 이윤 추구 동기라거나 광고 매체의 동기에 조종당해 결과적으로 완벽한 패배자가 되었습니다. 그 결과 현재 이(창문에 비치는 거리를 가리키며) 상태가 되었지요.

내가 걱정하는 것은, 구마 씨는 진정한 의미에서의 패배라는 말을 하는 것이 아닌데도 '패배'가 표면에 드러나면서 시장 원리주의자나 시민참가 원리주의자들에게 무기를 쥐여 주는 것 아닌가 하는 점입니다.

구마 제목만 읽지 말고 본문 내용을 읽어 주셨으면 합니다.(웃음) 그러시면 제 뜻을 이해할 수 있을 것입니다.

미노하라 저는 현재의 불합리한 시스템에 "노."라고 말하고 싫어서 25년 전 건설성을 그만둔 뒤 어디까지나 민간의 도시 계획 컨설턴트로서, 일찍이 소속해 있던 조직에는 전혀 신세를 지지 않고 일해 왔습니다. 행정이나 자본에 안겨서는 안 됩니다. 돈을 받고 일하기 때문에 실정을 알고 있는 현명한 사람도 모두 입을 다물어 버리거든요. 그것이 정말 아쉬운 부분입니다. 수직 사회인 일본에서는 실정을 알고 있는 사람이 입을 다물어 버리면 외부에 아무것도 전해지지 않습니다.

제가 감수하고 번역한 『도시 전원 계획의 전망(都市田園計畫の展望)』에서 토마스 시베르츠(Thomas Sieverts)는 고객에게 요구하지 않는, 시민에 대해 주장하지 못하는 플래너는 가치가 없다고, 그런 의미에서 건축가나 설계자는 본질적으로 개혁자로서의 책임을 져야 한다고 말했습니다. 독일에서조차 그런 상황이지요.

다만 문제는 일본에서 본질적인 주장을 하면 광고 매체나 종합 건설 회사로부터 따돌림을 당한다는 것입니다. 구마 씨가 깊이 관여한 아이치(愛知)만국박람회가 그 좋은 예지요.

구마 계획을 무기로 삼아 제안하거나 맞서 싸우려 하면 즉각적으로 배제당한다는 사실을 만국박람회 마스터플랜 작성하는 일에 참가했을 때 통감했습니다. 간단히 말하면 그림을 제시하면 반드시 배제당하는 것이지요.

미노하라 그렇기 때문에 더욱 싸워야지요. 구마 씨는 그곳에서 승리하는 방법의 테크닉으로서 표면적으로는 패배지만 결국은 승리를 거두라고 말하는 것으로 이해하고 있습니다.

구마 그 고통스러운 경험을 통해 저도 많이 변했습니다. 그렇기 때문에 책 자체가 이중 의미를 전달하고 있는 것입니다.

지속 가능한 자본 축적을 어떻게 생각해야 하는가

미노하라 고도성장 시대의 기본적인 논리는 잘 아시다시피 개발 논리이고, 그 전제에는 자기들의 자산이 너무나 빈약하다는 사실이 존재합니다. 20~30년 만에 일단 거대한 흐름을 일으키기 위해 스톡(stock. 기존의 건축물-옮긴이)을 철저하게 파괴했지요.

하지만 그렇게 구축된 결과물 역시 사회 자산으로서 유통되지 않는, 다음 세대에 건네줄 수 없는 것이었습니다. 세대가 바뀌어도 여전히 종합 건설에 의해 파괴되면서 자산은 전혀 축적되지 않았고 거리도 빈약한 상태 그대로입니다.

유럽이 미국에 대해 풍요로움을 유지할 수 있는 것은 몇 세대에 걸친 축적이 있기 때문입니다. 지속 가능성(sustainability)이라는 개념이 유럽에서 나타난 것은 필연이라고 할 수 있지요.

구마 이 문제에 관해서는 일본인의 특수한 사정이 있습니다. 목조 건축이 화재나 지진 때문에 20~30년 단위로 갱신되어 온 일본에서는 건물을 "소유한다." "남긴다."라고 말하면 콘크리트로 이루어진 박스 형태를 떠올려 즉시 거부 반응을 일으키지요. 제가 나무를 사용해 지속 가능한 건축물을 만드는 이유 중 하나입니다. 또는 자신이 건축한 건축물이 오랫동안 남아 있어야 한다고 생각하는 에고이스트로 보일 수밖에 없습니다. 지속 가능성이 에고이즘과 혼동되는 것이지요.

미노하라 건축과 지속 가능성의 관계는 근대주의의 근본적인 테마 중 하나입니다. 단게 겐조는 자신의 건물을 태연히 부수고 새롭게 신축했습니다. 도쿄 도청이 좋은 예지요. 근대주의자는 항상 타불라 라사(tabula rasa. 아무것도 씌어 있지 않은 종이, 즉 백지라는 의미-옮긴이)에서 출발합니다. 그곳에서 실제로 생활하는 사람이 이후 수백 년 동안 어떤 식으로 생활할 것인가 하는 문제는 전혀 생각하지 않습니다.

그와 반대로, 1962년 미국에서 루이스 칸(Louis Kahn)[1]에게 들은 이야기가 아직도 기억에 선명합니다. 마침 그는 방글라데시의 수도 다카의 국회의사당 설계를 담당하고 있었는데 그 모형을 보고 제가 "방글라데시 같은 가난한 나라에 이렇게 장대한 건물을 짓겠다는 것입니까?"라고 물었더니 "무슨 말씀입니까. 저는 1000년 앞을 생각하는 것입니다!"라며 화를 내더군요.

구마 루이스 칸의 건축물에는 20세기 미국인의 시간에 대한 무감각, 무교양에 대한 비판이 포함되어 있습니다. 그는 그야말로 1000년 동안 유지될 건축물을 의식하고 고대

방글라데시 국회의사당(『건축 20세기 PART2』에서)

유적 같은 장대한 건축물을 조성해 건축의 흐름을 바꾸어 버렸습니다. 디즈니랜드의 허구적이면서 단편적인 시간 안에서 태연하게 생활하는 사람들에 대한 비판이지요.

미노하라 시대를 초월해, 무리한 건축물이야말로 우리가 지금 건축 자산, 문화유산으로 만나고 있는 대상이지요. 그런 의미에서는 찰나적으로 소비되는 신기한 디자인으로 흐르는 일 없이 그 시대 문화의 첨단에서 변화와 보편의 요소를 어떻게 조합할 것인지가 중요합니다.

일본에서 앞으로 자산의 축적을 생각하는 접근 방법은 두 가지라고 봅니다. 우선 리사이클의 관점이지요.

구마 씨가 『자연스러운 건축(自然な建築)』에서 말했듯 기본적으로 콘크리트는 약하고 언젠가 산업 폐기물이 된다는 사실을 현시점에서 진지하게 생각해 보아야 합니다. 이것은 가옥의 세밀한 부분 보수를 반복하고 목재나 종이의 리사이클을 실행해 온 일본의 문화적인 DNA를 재조명하는 계기가 될 수도 있겠습니다.

또 하나, 기억의 계승이라는 문제는 근대화에 정신을 집중할 수밖에 없는 단계에서는 나중으로 미룰 수 있지만 성숙 단계에서는 더 이상 미룰 수 없다는 것입니다. 변화의 속도나 진로가 어느 정도 안정된 상태에서만 성숙한 문화가 탄생할 수 있으니까요. 일본을 비롯한 아시아 국가들은 모두 그런 상황에 돌입하는 단계에 있습니다. 미국도 비슷한 상황이고요.

구마 유럽의 건축 콤피티션(competition)에서는 아무리 참신해 보이는 제안도 '시간의 계승'이라는 측면이 존재하지 않으면 절대로 승리를 거둘 수 없습니다. 그 정도로 '시간'이 사회 입장에서는 중요한 테마라는 의견이 있지요. 일본에서의 도시론은 박스 형태의 건축물에 반대하는, 환경을 테마로 삼고 있기는 하지만, 노후 시설을 폐기하고 능률적인 시설을 적극적으로 갖춘다는 스크랩 앤드 빌드(scrap and build)가

그림 1. 2040년의 도쿄(스에히로 뎃초末廣鐵腸,『설중매雪中梅』에서)

그림 2. 공습 이후의 신주쿠(『전쟁과 일본인戰爭と日本人』에서)

그림 3. 〈20년 후의 도쿄〉(소장: 도쿄 도시정비국)

반복되는 현실적인 상황의 문제성을 지적하는 사람은 매우 적습니다. 아직도 화재나 지진에 의해 갱신되는 도시의 모습을 바탕에 깔고 있는 것이지요.

미노하라 〈그림 1〉은 건축학회가 발족된 1886년 작품입니다. 미래의 도쿄, 즉 2040년 도쿄의 모습을 상상해서 그린 것인데, 지금 보면 매우 피상적이지요. 그림 앞부분은 파리, 검은 연기가 뭉게뭉게 피어오르는 쪽은 리버풀, 맨체스터를 의식하고 있는 것처럼 보입니다. 실제로는 이 그림대로 실현되기 전에 전쟁이 발생해 폐허가 되어 버렸지요.

〈그림 3〉은 도쿄의 도시 계획과에서 1947년에 만든 〈20년 후의 도쿄(二十年後の東京)〉라는 영화의 한 장면입니다. 이시카와 히데아키(石川栄耀)[2]가 그린 것이지요. 에도는 화재에 약하기는 했지만 자연환경이나 위생 면에서 보면 세계에 뒤지지 않는 인구 100만 명의 도시였습니다. 그런데 일본인은 과거의 축적을 모두 부정하려 했습니다.

1960년 국도와 골목을 포함한 공도(公道)는 약 90만 킬로미터였고 포장률은 2.7퍼센트였습니다. 지금은 80퍼센트가 넘지요. 세타가야 구(世田谷區)에서 포장되지 않은 도로는
한 군데밖에 없습니다. 그 '골목길'은 시민들이 직접 다양한 화초를 심고 관리하는데 그곳조차 포장하겠다는 압력이 밀려오고 있습니다. 2.7퍼센트 시대의 의식이 바뀌지 않고 그대로 이어지는 것이지요. 미국의 도금 시대와 비교할 수 있는 이런 길디드 에이지(gilded age) 가치관을 일본은 줄곧 이어 왔습니다. 하지만 반드시 바뀔 것입니다. 고령화 사회, 경제와 사회의 성숙, 화석 연료의 고갈, 전 지구적 기후 변화 시대에 이르면서 그림과 같은 도시는 존재할 수 없는 상황에 놓였으니까요.

참조해야 할 도시상

미노하라 미국을 포함한 구미 사회에서는 1960년대 후반부터 1970년대에 중요한 터닝 포인트가 있습니다. 1930년더부터 일어난 근대 개혁과 CIAM(근대건축국제회의)의 사상을 1960년대 후반부터 1970년대 이후까지 스톡 축적형으로 전환한 것입니다. 초고층 주택을 보편적인 형태로 이용하는 것은 유럽에서는 로테르담 정도일 것입니다. 중국이나 중근동에서는 그런 초고층 주택을 열심히 짓고 있지만 일본은 그런 단계가 아니지요.

구마 유럽은 고층 맨션을 건축해도 즉시 슬럼화된다는 위험성을 일찌감치 깨달았습니다. 예를 들어, 영국에서는 그 고통스러운 경험을 통해 고층 맨션이라는 접근 방법을 거의 폐기했습니다. 하지만 일본은 고층 맨션의 슬럼화 위험성에 대해 지나치게 무방비한 상태에 놓여 있지요.

미노하라 1957년 베를린 INTERBAU(국제건축전)에서는 독일의 한자 지구에 고층 단지형 모델을 채용했는데, 1987년 베를린 IBA는 전통적인 도시 형태를 따라 중층의 거리를 재개발한다는 전환을 모색했습니다. 그 핵심에 있던 독일의 건축가 클라이후에스(Josef Paul Kleihues)는 "……내가 제안한 작업 테마

'비판적 재구축'은 '전통과 근대의 대화'라는 길을 찾는다는 의도를 표명하고 있다. ……각 요소(집, 거리, 도로, 광장 등)가 가능하면 자유롭게(자율적으로) 발전해 가는 가능성을 보증하고 지원하면서 동시에 그것들을 눈에 보이고 체험할 수 있는 질서로 정리한다는 것이었다."(『IBA베를린국제건축전 도시거주선언』, 클라이후에스, 「도시의 비판적 재구축」)라고 말했습니다.

구마 하지만 베를린 IBA의 불행은 그런 역사 회귀의 흐름이 당시 미국의 금융 자본에 의해 포스트모던이라는 일종의 유행 스타일로 번역되어 버렸다는 것입니다. 애당초 유럽의 모더니즘은 역사, 시간의 연속성에 대한 의문에서 탄생한 비평적·문화적 무브망(movement)이었는데, 일본은 미국이 그것을 물질주의로 번역해서 단순히 판매하는 주택 스타일로 전환한 것을 그대로 받아들였지요. 미국과 유럽의 모더니즘은 확실히 구별해야 합니다.

모더니즘이건 그 비판으로서 등장한 1970년대 이후 도시의 시간적 계승성의 부활을 내건 콘텍스추얼리즘(contextualism)이건, 유럽으로부터 직수입한 것이 아니라 모두 미국판 번역을 통해 일본으로 들어온 것입니다. 이것은 정치·경제 모든 분야에 걸쳐 말할 수 있는데, 미국이라는 존재에 대해 확실하게 논의하지 않았던 부작용이 지금 나타나고 있습니다. 일본은 국토의 크기나 역사를 볼 때 유럽에 가깝기 때문에 미국을 직접적으로 참조하면 실패할 수밖에 없습니다.

미노하라 맞는 말씀입니다. 우리가 참조해야 할 대상은 미국이 아니지요. 미국은 여전히 인구가 증가하고 있는, 어떤 면에서는 개발 도상국입니다. 민주당 정권은 미국형이 아니라 유럽형 복지 국가 쪽으로 방향을 잡지 않을까 기대했지만 그렇지 않은 것 같더군요. 성숙한 사회의 모델을 유럽에서 추구하면서 유럽과 다른 문화적 토대를 지닌 우리는 근대화라는 접목을 거쳐 독자적인 하이브리드화를 지향할 수 있을 것입니다.

도시와 건축을 둘러싼 법의 발자취

미노하라 사실 일본의 건축기준법 제도는 기본적으로 1919년 성립된 도시계획법과 시가지건축물법의 틀을 거의 그대로 이어받았습니다. 1935년에 일본을 방문한 브루노 타우트는 "지금까지 도시 계획에 종사해 온 경험에 비추어 볼 때, 나는 일본에 도시 계획이라는 것이 아직 존재하지 않는다고 잘라 말할 수 있다."(『속 건축이란 무엇인가』)라고 말했습니다. 사실, 유럽에서는 상식인 3차원 공간을 동반한 건축적 도시 계획이 일본에는 지금도 존재하지 않습니다. 저층 목조 건축물이 주를 이루었던 1919년 당시의 법을 매개체로 삼는 한, 그것은 당연하다고 볼 수 있지요.

1950년 건축기준법을 제정할 때는 전후 경제 부흥기에 도시화가 진행되는 상황에서 건축 기술과 건축 생산의 근대화, 그 선두를 달리던 관청 건축 기술자들의 일을 확보하기 위해 건축 기술 기준의 법정화와 보급이 우선되었습니다. 건축기준법의 (건축물과 도시의 관계를 정하는) 집단 규정 내용은 도시계획법의 개정을 기다려야 하는 상황에 놓인 것이지요.

그리고 1968년 제정된 신도시계획법의 원안 단계에서는 부지 단위의 건축 확인을 중지하고 영국형 계획 허가 제도

도입을 검토했습니다. 이것은 기준의 사전 확정성을 중시한 건축 확인으로는 지역마다의 공간 질서에 대응할 수 있는 재량이 없다는 의미에서 올바른 판단이었지요.

구마 1968년에 그런 움직임이 있었다니 꽤 빨랐군요.

미노하라 당시 건설성 주택국은 영역 의식이 앞서 계획 허가의 법제화에 반대했지만 건축기준법의 체계를 바꾸어 집단 규정과 단독 규정을 분리하고, 집단 규정에는 인허가 제도를 도입한다는 계획을 검토하고 있었습니다.

도시계획법의 목적은 '도시의 건전한 발전과 질서를 갖춘 정비'이고 적절한 제한 위에서 토지의 합리적인 이용을 도모하는 것을 기본적인 이념으로 삼고 있는데 주민의 합의가 걸림돌이 되어 토지 이용에서 계획적인 처리를 추진하려 해도 실질적인 건축 정비는 생명, 건강 및 재산의 보호를 위한 최소한의 기준인 건축기준법으로 규정되기 때문에 드시 공간의 업그레이드에는 전혀 기여하지 못하는 것입니다.

1968년의 도시계획법 제정을 이어받은 1970년 건축기준법 개정 작업에는 저도 주택국의 계장으로 참가했습니다. 그때 건축기준법이라는 각 건축물에 관련된 법률과 집단 규정에 관한 법률을 시가지건축법으로 분리하고, 시가지건축법은 조닝(zoning. 그 장소에서 건설할 수 있는 건물의 용도와 높이 등 형태의 한계만 미리 설정하고 제한하는 법 제도-옮긴이)을 다이내믹하게 활용할 수 있는 체계로 전환하기 위해 준비하고 있었습니다. 하지만 그 안건을 주도한 심의관급의 상사가 갑자기 사임했습니다. 사건에 연루되었다는 소문이 있었는데 그 진상은 저도 정확히 모릅니다.

구마 그렇군요. 그 불행한 우연이 없었다면 일본의 도시는 달라졌겠군요.

미노하라 당시 주택국에는 두 가지 흐름이 있었습니다. 하나는 내무성 출신으로 도시 계획이나 건축 행정의 역사를 토대로 일본의 도시나 건축물의 존재를 폭넓게 생각하는 그룹, 또 하나는 대장성(大藏省) 관재부(管財部)나 조달청에서 온 공영 주택이나 공단 주택에 의한 주택 건설이나 공적인 직접 공급과 주택 생산의 근대화에 열성을 보이는 그룹이었습니다. 대규모 단지나 시가지의 재개발에 관해서는 내무성 계열의 그룹이 관여하는 경우가 많았지만 그 수장과 부하 직원들이 실각하면서 결과적으로는 1950년 법체계를 거의 그대로 이어받아 버렸지요.

그리고 주택 부족이라는 절실한 현실을 배경으로 도시의 주택을 전체적으로 어떻게 생각해야 하는지의 관점 없이 오픈 플랜(open plan. 건물을 용도에 따라 널리 이용할 수 있게 칸막이를 많이 하지 않는 방식-옮긴이)을 이용하는 주택 단지 개발이 단번에 꽃을 피웠습니다. 또 도편수를 주축으로 삼는 목조 기술 체계에 의존하던 전통적인 건축 생산에서 탈피해 건축 생산의 근대화도 시작되었지요. 통산성(通産省)의 우치다 겐코(內田元亨)도 주택의 공업화 노선을 강하게 주장하는 '주택산업론'을 제기해 건축을 공업 생산으로서만 생각하는 흐름이 주류가 되었습니다. 결과적으로 건축물을 도시의 문맥 안에서 어떻게 조성해야 하는가 하는 발상이 결여된 채 지금에 이른 것이지요.

구마 1919년의 낡은 법률에 시장 원리주의와 20세기 방식의 공업 사회형 행정 지도만 더해 지금까지 달려온 것이군요.

지역 만들기는 3차원 공간에 대응할 수 있는가

미노하라 그래서는 당연히 올바른 대응을 할 수 없기 때문에 안티테제로서 혁신 자치 단체에서 일어난 것이 '지역 만들기'입니다. 그 거두가 다무라 아키라(田村明)[3]였지요. 그는 당시 건설성의 도시 개발에 종합성이 결여되어 있고 문화성이 없다고 비판했습니다. 또한 도시 계획이 아니라 시민이 실천하는 '지역 만들기'가 상위에 놓여야 하며 도시 계획은 그 일부분이어야 한다고 주장했습니다. 결과적으로, 법정 도시 계획에 없는 도시 계획의 전략이나 조례, 협정, 요강 등 다양한 수단을 구사해 현행 전근대적인 도시계획기준법 제도는 손을 대지 않은 상태에서 '지역 만들기'가 전국으로 보급되었습니다.

그로써 자치 단체가 계획 의사를 가지고 있는 경우에는 상관없지만 그런 의사가 없는 경우가 많았고 '도시를 공간적으로 어떻게 조성해야 하는가?' 하는 의사를 실현할 수 없는, 이른바 민법의 연장 같은 건축기준법이기 때문에 용적 제도가 도입되면서 고층, 초고층 주택이 보편화되기 시작해 갈등이 연속적으로 발생했습니다. 게다가 사회가 성숙하면 시민 참여 의식이 일상화되기 때문에 분쟁이 끊이지 않았습니다.

그러자 민간 자본이 새로운 개발을 시도하려 할 경우, 행정은 책임을 회피하기 위해 '직접 교섭해서 주변의 동의를 얻어 와라. 그렇게 하면 도장을 찍어 주겠다.' 하는 태도를 보였습니다. 그런 요강이나 협정을 너무 많이 만들었기 때문에 근대 법체계와 전근대적인 조정 규칙 체계가 겹치면서 실로 불가사의한 법체계를 이루었습니다. 일반 시민은 대체 어떤 기준을 믿고 무엇을 해야 하는지 짐작조차 하기 어려운 상황이 벌어졌지요. 이 복잡한 상황을 수정하는 것이 대원칙이 되어야 할 것입니다.

근대법적이지 않은, 강제력이 없는 요강 행정이 이렇게까지 비대해진 이유는 우리의 DNA 안에 흐르는 과거의 역사 때문인 듯합니다. 에도 시대에는 '핫토(法度. 무가 시대의 법령-옮긴이)'라는 강제력을 지닌 영역은 좁고 주거 환경의 관리나 사회 복지는 '규정'으로 대응해 그것을 비판하는 자는 마을에서 따돌림당하지 않았습니까.

구마 2차원적인 거리, 즉 3층 이상의 건물을 물리적으로 지을 수 없었던 과거 일본의 도시에는 그 정도로도 도시 계획적인 예정 조화를 실현할 수 있었겠지만, 콘크리트를 이용해서 거의 무한대로 층수를 올릴 수 있는 현시대에 요강만으로 조정한다는 것은 절대로 불가능합니다.

일반적으로 다무라 아키라의 '지역 만들기'는 근대형이라고 생각했지만, 사실은 전근대형 조정 규칙이 되어 버렸다는 말씀이군요.

미노하라 공사(公私)라는 개념은 매우 일본적인 개념으로, 서구적인 의미에서 개인의 권리는 없습니다.

한나 아렌트(Hannah Arendt. 1906~1975. 독일에서 태어나 미국으로 망명한 정치사상가-옮긴이)나 헤르베르트 마르쿠제(Herbert Marcuse. 1898~1979. 독일 출생의 미국 철학자-옮긴이) 등 공공성론자의 주장의 기초에는 디아스포라(Diaspora. 팔레스타인 밖에 살면서 유대교적 종교 규범과 생활 관습을 유지하는 유대인 또는 그들의 거주지를 가리키는 말-옮긴이)라 하더라도 개인이 민주적인 취급을 받아야 한다는, 유대형 발상이 있다는 느낌이 듭니다. 이 사상이 아시아에 그대로 통용되는 것은 아닙니다. 그렇다면 우리는 민주적인 사회를 대체 어떻게 만들 것인지, 그다음의 합의 형성 규칙은 어떤 것인지 구체적인 도시나 복지라는 측면에서 다시 한 번 재조합해야 하겠지요.

구마 공과 사에 관해서 말한다면 서구적인 개인의 독립이나 존엄을 담보하는 작은 공간은 목조 건축으로 만들 수 없습니다. 유대건 유럽이건 도시 건축은 기본적으로 조적조(組積造)[4]에 의해 벽돌을 쌓은 벽으로 명확하게 구분된 영역이 있기 때문에 그곳에서는 디아스포라 타입의 공공 공간에 관한 주장을 전개할 수 있습니다. 일본에서 근대적이라고 여겨지는 것은 사실 목조 주택이라는 높이의 제약이 있어야 비로소 가능한, 예정 조화적인 조정에 의해 실현되었던 것이지요.

미노하라 또 한 가지, 1970년 건축기준법을 개정하면서 문제가 된 것은 조닝 개념입니다. 조닝 개념의 전제에는 건축 형식이 존재합니다. 단독 주택, 두 집 주택, 연속 주택, 아파트라는 건축 형식이 사회적으로 공유되고, 그것을 분류하고 배치한다는 발상 위에 성립되는 것이지요. 하지만 일본의 전통적인 건축 형식은 대부분 목조로 이루어진 주택입니다.

구마 유럽에서 조닝이 의미를 가진 것은 20세기 초, 아직 조적조를 토대로 삼는 박스 타입의 건축 형식이 확고하게 존재하고 있을 때였습니다. 일본은 애당초 조적조도 없었고 건축은 '박스'라는 형식과 전혀 다른 '지붕'이라는 형식으로 지어져 왔기 때문에 도시의 기본형을 만드는 시스템이 전혀 달랐습니다. 거기에 조닝이라는 응용 이론 소프트웨어를 가져왔으니 제대로 전개될 리가 없지요.

도시와 건축 기술의 균형

미노하라 제2차 세계 대전 이후, 철과 콘크리트가 부족한 상황에서 생각할 수 있었던 것이 교외에서의 단지라는 건축 형식이었습니다. 지금 인기를 얻고 있는 아파트 대부분은 이 교외 타입의 단지를 모델로 삼고 있지요. 도쿄에서조차 맨션을 보기 힘들었던 1970년에는 단지 타입 이외의 건축 형식은 생각할 수도 없었습니다. 하지만 건축 기술적으로는 초고층 건설이 가능했기 때문에 눈앞의 도시와 건축 기술의 급속한 발전 사이에서 어떤 균형을 잡아야 좋을지 승부를 걸어야 했습니다.

그러나 결과적으로 1970년 개정에서는 초고층화, 고층화는 피할 수 없다는 이유로 용인돼 용적률, 일조권, 조망권 등 도시 형성과 거의 관계없는 규칙 체계가 만들어졌습니다.

구마 3차원적으로 높이나 형태를 얼마든지 조작할 수 있는 현대의 기술적 상황에서 일조권 규제라는 조정만으로 형태를 컨트롤하려 한다면 도시는 제대로 성립할 수 없습니다. 일조권 규제와 경제 원리만으로는 건축가로서 도시에 대한 책임을 거의 포기해야지요. 실제로 일본의 건축가는 대부분 그런 책임을 버렸고 도시에 대해 무기력한 모습을 보이고 있습니다.

미노하라 그렇습니다. 결국 신규 주택이나 상업 시설을 건설하는 경우, 토지개발회사 영업 사원이나 광고 대리점은 어느 정도나 이익을 올릴 수 있는지, 어떻게 해야 가장 많은 이익을 거둘 수 있는지만 생각하지요. 이어서 종합 건설이 등장해 어떻게 해야 법 규제를 빠져나갈 수 있을지, 어떻게 해야 기술적인 경제성을 더 높일 수 있을지 생각합니다. 이후에는 주변과의 조정이 사회적인 조정 기술로서 돈벌이 수단이 되지요. 이래서는 문화적인 자세로 도시나 주택지를 조성한다는 동기는 어디에서도 찾아보기 어렵습니다. 건축가는 패배한 척 고개를 숙여 보일 수밖에 없지요.

도시 계획의 승부(하)

커뮤니티가 도시를 움직인다

미노하라 게이

1. 루이스 칸(Louis Isadore Kahn. 1901~1974) _ 미국의 건축가. 에스토니아(당시에는 러시아 제국령) 출생. 유소년기에 필라델피아로 이주. 주요 작품으로 〈예일대학 아트갤러리〉 〈소크생물학연구소〉 〈킴벨미술관〉 등이 있다.

2. 이시카와 히데아키(石川栄耀. 1893~1955) _ 도시계획가. 야마가타 현 출생. 1920년 내무성 입성. 나고야의 도시 계획에 참여. 그 후 도쿄 도의 도로·도시계획과장을 역임하면서 수도권 개발에 진력. 1948년 도쿄 도 건설국장 역임. 저서로 『도시 계획 및 국토 계획(都市計劃及び國土計劃)』 등이 있다.

3. 다무라 아키라(田村明. 1926~2010) _ 도시계획가. 도쿄 출생. 운수성 등을 거쳐 1968년 아스카타 이치오(飛鳥田一雄) 시장의 초청으로 요코하마 시청으로 옮김. 기술 감독으로서 요코하마 시의 도시 행정 주도. 저서로 『지역 만들기와 경관(まちづくりと景觀)』 등이 있다.

4. 조적조(組積造) _ 벽돌, 돌, 블록 등의 덩어리 형태의 재료를 쌓아 만드는 건축이다.

보텀업(bottom-up)으로 시작하는 개혁

미노하라 제가 공직에서 물러난 25년 전에는 도시를 난잡한 공간으로 만드는 이런 구조 자체를 바꿀 필요가 있다고 아무리 주장해도 마이너의 의견에 지나지 않았습니다. 하지만 지금은 지방 자치 단체의 직원이나 시의회, 도시 개혁 운동을 하는 사람들과 이야기를 나누어 보면 반응이 전혀 다릅니다. 시가지 중심부의 공동화나 도시의 산만한 확산이 추진되어 도시가 얼마나 심각한 상태에 이르렀는지, 얼마나 생활하기 힘든 상태에 이르렀는지 실감할 수 있기 때문이지요.

구마 분위기는 확실히 달라졌습니다. 다무라 아키라 방식의 요강주의만으로는 현존하는 도시의 3차원적인 조정이 불가능하다는 사실을 지난 20여 년의 경험을 통해 깨달은 것이겠지요.

21세기형 조정 이론으로서 앞에 무엇이 있는지 제안할 수 있는 사람은 건축가 중에도 거의 없습니다. 요컨대 극단적으로 승리를 거둔 사람, 즉 머릿속에 고도 경제 성장기형 도시 계획만 떠오르는 사람과 극단적으로 패배한 사람, 즉 도시 계획 자체가 자신이 할 수 있는 역할 밖에 존재한다고 생각해 그 제약 안에서 자신의 건축물만 만들면 된다고 생각하는 은둔형 외톨이밖에 없기 때문입니다.

미노하라 21세기형 도시 계획 이론에서 첫 번째 원칙은 지방 주권입니다. 중앙 집권형 어디에서도 같은 규칙은 더 이상 존재할 수 없습니다. 지역마다 규칙을 정하는 구도가 갖추어져야 합니다. 그때 주민이 주체적으로 도시 분위기를 만들어 가려면 기초적인 공간 이미지를 어떻게 가질 것인지가 중요합니다. 우리는 역사적으로 건축 형식의 다양성을 경험하지 않았기 때문에 조닝의 기초를 이루는 건축 형식별로 분리하기가 매우 어렵습니다. 따라서 현재 존재하는 환경을 가능하면 무너뜨리지 않는다는 규칙을 원칙으로 삼으면서 교체할 때는 다양한 시도를 자유롭게 할 수 있도록 방향성을 확립해야 합니다.

하지만 이때 부지 단위로 건물의 용적률을 완화한다는 경제 지상주의로 흘러가면 주거 환경은 더욱 나빠질 뿐입니다. 도로나 공원 등 공공의 공간을 포함한 지역 전체의 밀도 환경을 고려해야지요. 전체 높이를 억제하고 용적률을 낮춘 다음 지역에서 확실하게 계획할 수 있는 것은 완화시켜 주어야 합니다. 또 유지 관리나 개·보수에서 장래 난처한 상황을 만들어 내는 대규모 맨션은 억제해야 합니다.

그리고 지금은 필연적으로 에너지 절약, 자연 생태계 존중,

고령화 시대니까 인간이 걸어 다닐 수 있는 공간을 단위별로 정리하고 조성해 그것을 공공 교통과 연결해야 합니다.

2009년 민주당으로 정권 교체가 이루어졌지요. 당시 민주당의 정책 목록에는 건축기준법의 집단 규정을 분리하고 도시계획법을 대폭 수정한다는 내용이 들어 있었습니다. 그것을 보고 이제 됐다는 안도감이 느껴지는 한편, 민주당에 그런 문제를 제도화할 수 있는 사람이 과연 있을까 하는 우려 때문에 서둘러 출판한 것이 『지역 주권으로 시작하는 진정한 도시 계획·지역 만들기』였습니다.

구마 실제로 민주당에서 반응이 있었습니까?

미노하라 전혀 없었습니다. 현시점에서 민주당 안에 도시나 주택 개혁을 진심으로 생각하는 사람은 없는 것 같습니다. 민주당의 도시 성장 전략에 주택 문제가 언급된 적이 없다는 점을 보면, 그것은 분명한 사실입니다.

어쩌면 중앙 정권이나 중앙 행정에는 더 이상 기대하지 않는 쪽이 나을지도 모릅니다. 마침 과거의 혁신 자치 단체처럼 지방 자치 단체가 "아무도 하지 않으면 우리가 한다."라며 움직이고 있습니다. 중앙은 지금 정치적·행정적으로 매우 약한 상태이기 때문에 자치 단체 주도로 다양한 일을 실행할 가능성이 있습니다.

구마 지방이 자주적으로 그림을 그리고 규칙을 만들어 가면 되겠지요. 이 혼란을 기회라고 볼 수 있을 정도의 대담성이 필요하겠군요.

미노하라 예산도 수직적으로 조건이 붙어 있는 보조금이 아니라 일방적인 일괄 교부금 형식으로 이루어지려 하고 있습니다. 그런 권한은 지방 분권 일괄법에 따라 기본적으로 자치 단체에 옮겨져 있기 때문에 중앙은 지시 통달할 능력도 없습니다. 그런 이유로 지금이 기회라고 말하면 너무 낙천적이라는 평가를 받을지도 모르지만요.

구마 지역 만들기는 낙천적으로 달리다가 그중 1퍼센트가 실현되는 세계지요. 낙천적이어야 하는 것은 물론, 과정 자체를 즐겨야 합니다. 좋은 결과가 나오지 않는다고 해도 기죽지 않을 정도의 배짱과 낙천성이 없으면 아무것도 할 수 없습니다. 유럽에서 일하면서 통감한 부분입니다.

건축이나 도시를 만드는 행위는 식욕이나 성욕과 마찬가지로 근원적인 행위이기 때문에 죄의식을 가질 필요는 전혀 없고 낙천적으로 진행해야 합니다. 유럽의 도시 계획은 그런 식으로 일상적으로 이루어진 것입니다.

긴자의 결속력이 도시를 지킨다

구마 미노하라 씨가 관여해 오신 시모기타자와(下北澤)와 긴자에 관해 말씀해 주십시오. 양쪽 모두 현대 사회에서는 최고의 케이스 스터디입니다.

미노하라 공공성에 대해 생각할 때, 시모기타자와와 긴자는 전형적인 차이가 있습니다. 공공 공간의 미래에 대한 분기점을 보여 주는 사례라고 생각합니다.

우선, 긴자는 도시를 담당하는 사람들의 단결력이 매우 강합니다. 많은 상점가에서 후계자 부족이 문제 되고 있지만 긴자는 세대 교체에도 성공을 거두었고, 교육과 계승 체제가 확고하게 자리 잡았습니다. 지역 주민들이 긴자의 환경이나 공간을 가능하면 지속적으로 혁신하려는 의사가 있는 것이지요.

그 결과 거리에 갑자기 초고층 건축이 나타나는 사태는 피할 수 있습니다. 즉 부지 단위의 이해득실보다 도시의 이해득실을 우선하는 성숙한 합의가 형성되어 가지요. 이전에 마쓰자카야(松坂屋) 재개발에서 170미터 높이의 복합 시설이 세워지려 한 적이 있습니다. '도시 재생'이라는 국가의 간판을 짊어진 계획이었지요. 저는 지역 주민들과 상담한 뒤 그런 건물은 짓지 않는 것이 좋겠다는 생각에 그들을 도와주기로 결심했습니다. 결국 긴자 주민들은 2년에 걸쳐 56미터 이상의 고층 건축물은 지을 수 없다는 규정을 만들었습니다.

주오 구(中央區)는 긴자 지역과 뜻이 잘 맞았는데, 최종적으로 그런 규정이 정해지자 긴자에 '디자인협의회'를 만들어 사전 심사 구조를 갖추기로 했습니다. '주오 구 시가지 개발 사업 지도 요강' 안에 긴자디자인협의회라는 단체를 지정해, 그곳을 통과해야 개발 협의에 대응한다는 체제를 만든 것이지요. 일반적으로 도시재생특별조치법, 도시계획법, 건축기준법이 있고, 가장 말단에 요강이 들어갑니다. 긴자에서는 그것이 바뀌어 요강이 가장 강합니다.

구마 가부키자의 개축을 시작하면서 디자인협의회에 설명하러 간 적이 있습니다.

미노하라 그렇습니다. 지금 긴자에서 100제곱미터 이상의 건물이나 일정한 광고물을 만들 때는 모두 협의회를 찾아가 상담해야 합니다. 창구는 긴자의 주민들인데, 저는 전문가 중 한 명으로 게이오대학의 고바야시 히로토(小林博人) 교수와 함께 조언을 하고 있습니다. 지역 사회가 자주적인 구조를 만들어 낼 수 있다면 도시 구조를 무시하는 계획이 나온다고 해도 확실히 대응할 수 있습니다. 그런 규정 아래에서 다양한 문제들이 발생해 400건 이상의 안건을 심사했는데, 자신의 뜻이 이루어지지 않았다는 이유로 지역 사회와 인연을 끊은 사례는 한 건밖에 없습니다.

구마 긴자의 규정은 이런 부분까지 관여한다고 생각할 정도로, 좋게 말하면 참신하고 나쁘게 말하면 독선적이지요. 하지만 그것이 주민들의 합의를 바탕으로 장소의 규정으로서 뿌리 내린 것은 전국적으로 모델이 될 수 있는 훌륭한 사례라고 생각합니다.

미노하라 독선적으로 보이지만 확인만 앞세우는 경직된 형식은 아닙니다. 우리는 가이드라인을 만드는 것이 아니라 "지금까지 이런 경험을 했으니까 이것을 보아 주십시오."라며 실질적인 사례집을 제시합니다. 그것을 대신할 수 있는 좋은 기획이 나온다면 그때마다 협의를 하지요. 그렇기 때문에 실제로는 규정이라고 해도 '그 당시의 상황에 따라 판단하는' 반복에 지나지 않습니다. 그 기초에는 주오 구라는 자치 단체가 지역 주민들을 확실하게 지켜 주고 법정 계획이나 규제로도 뒷받침해 준다는 사실이 존재하지요.

긴자의 경험을 통해 느낀 앞으로의 과제는 비용 부담이라는 측면에서 새로운 민·관 제휴 구조입니다. 자치 단체와 지역 주민이 전문가의 힘을 빌려 실시하는 제휴 작업인데도 비용은 주민들만 부담하기 때문에 얼마나 지속될 수 있을지 전망이 불투명하거든요.

구마 규정이 없어도 사례집만으로 커뮤니티는 도시를 계획할 수 있을 것입니다. 긴자는 그 훌륭한 예라고 생각합니다.

미노하라 한편 시모기타자와는 과거 농지가 시가지로 바뀌면서 근대 도시 계획이 거의 도입되지 않았습니다. 교차해서 달리는 오다큐 선(小田急線)과 게이오 선(京王線)이 유일한 근대적 시설이지요. 과거에는 대부분 목조여서 화재 위험이 있었지만 지금은 건물의 불연화율도 높아졌습니다. 골목이 많아서 사방팔방으로 피할 수 있기 때문에 피난 도로 여건으로 보면 다른 지역보다 안전할 정도지요.

소극장과 라이브 카페도 많아서 젊은 사람들이 모여 국제적으로 주목을 모으는 재미있는 장소입니다.

구마 좁은 골목이 사방으로 이어져 있고 지역이 간선 도로에서 멀기 때문에 교통 규제 없이도 자동차가 들어서지 않는, 보행자 주체 지역이 자연스럽게 만들어진 곳이지요. 자연스러운 결과라고는 하지만 인간의 얄팍한 지혜를 초월하는 가장 잘 정비된 구조라고 볼 수 있습니다.

미노하라 정말 멋집니다. 하지만 세타가야 구는 오다큐 선의 지하화와 함께 1946년 도시 계획 결정을 원형으로 삼는 보조 54호선을 지상 도로로 만들려고 했습니다. 역 앞 광장과 너비 26미터(이것은 긴자 거리와 같은 너비입니다)의 도로를 건설하려 했지요. 게다가 도로에서의 셋백(setback)을 장려하는 지역 계획을 세우고 추진했습니다. 이것은 현대적인 도시 디자인에서는 생각할 수 없는 만행이지요.

저는 도쿄에서 활동하는 여러 전문가를 규합해서 여기에 반대했습니다. 오다큐 선의 연립 고가 자체가 위법이라는 이유로 투쟁해 온 혁신적인 운동이 있는데, 그런 반체제파적인 흐름과 별도로 '혼돈의 유토피아'라고 말할 수 있는 도시에 폭넓은 도로가 지나간다는 것은 현대 도시 계획상 비상식적인 행위이기 때문에 당장 그만두라고 호소했지요. 그 운동의 중심인물은 시모기타자와에 사무실을 둔 메이지대학의 고바야시 마사요시(小林正美)와 작가 다카하시 유리카(高橋ユリカ)입니다. 그들은 끈질기게 주민 집회를 열었고 모형과 도면을 이용해서 시민들과 대화를 나누고 제안했습니다. 하지만 최종적으로는 도시계획심의회에서 구나 도의 안건이 강행되어 사업 인가가 떨어졌습니다.

긴자와 시모기타자와의 차이는 시모기타자와에서 우리 의견에 찬성해서 움직여 준 사람들은 세타가야 구가 주민협의회라고 칭해 그러모으는 지주나 상점주와 다르다는 것입니다. 독자적으로 설문 조사를 실시하면 압도적인 반대 의견이 잇따라 나옵니다. 주민들의 의견이 정리되어 있지 않은 것이지요.

그리고 세타가야 구는 재개발 계획안을 둘러싼 마지막 설명회에서 개발 계획에 대한 찬성을 유도하는 의견서를 나누어 주고 서명해 달라는 식으로 의견을 모았습니다. 거의 강요하다시피 한 것이지요.

이것은 민주주의의 기본 원칙에 위반하는 행위라고 따졌더니 심의회 회장도 어쩔 수 없다는 듯, 유감이라며 사의를 표명하더군요. 학식 경험자로서 참가하는 대학 교수들도 전원 사의를 표명했습니다. 그래도 관청에서는 강행 돌파하려 했지요. 시모기타자와의 풍경이 어떻게 변할 것인가 하는 문제 이상으로 민주주의 사회에서 믿기 어려운 행동이 그대로 통과되는 일본 사회를 이해할 수 없습니다.

구마 그 프로세스는 좀 더 널리 알려서 미래의 도시를 어떻게 만들 것인지, 하나의 교과서로 공유해야 한다는 생각이 들기도 합니다.

미노하라 그렇습니다. 시모기타자와 거리는 20세기의 기계론적, 요소 환원적 가치관으로는 부정되더라도 21세기의 생명론적 도시관으로는 분명히 긍정되는 지역입니다. 그것을 근대 도시 계획이나 이스태블리슈먼트(establishment. 사회적으로 확립된 제도나 체제 또는 그것을 대표하는 지배 계급이나 조직-옮긴이)가

인정해야 합니다. 중요한 것은 문화도 문제입니다. 그리고 권위주의에서도 벗어나야 합니다.

구마 하지만 시모기타자와는 미노하라 씨 같은 계획론적인 관점에서 디자인을 논의할 수 있게 되었다는 점에서 상당한 의미가 있다고 봅니다. 단순히 시모기타자와의 분위기가 좋다고 말하는 문화인의 정서적 주장과는 다른 계획론이고, 다른 장소에도 전개할 수 있는 일종의 과학이기 때문이지요.

미노하라 고바야시 마사요시 교수와 다카하시 유리카 작가의 노력으로 전문가와 시민들이 계획안을 검토하는 워크숍을 열었습니다. 그림을 그리면서 설명하고 설득하는 방식으로 추진했기 때문에 그들에게 찬성하는 사람들이 모였지요.

구마 이것은 계획론이라는 과학이 시민을 그러모은 보기 드문 경우인데, 사실 이것이야말로 앞으로 도시 계획의 기본이 되어야 하지요.

미노하라 그런 식으로 전문가들이 개입하고 어떤 방향으로 여론을 이끌어 가는 것은 매우 중요한 흐름입니다. 시모기타자와는 지역이 분단되어 응집력이 없기 때문에 근대주의 타입에 억눌려 온 전형적인 예지요.

마쿠하리, 주민이 유지하는 지역의 문화

미노하라 또 한 가지 재미있는 일은 마쿠하리(幕張) 베이타운으로, 계획 인구가 2만 6,000명인데 현재 2만 3,000명이 생활하고 있습니다.

일본의 체제에서는 원래 관청의 수직 구조와 디자인의 질을 생각하지 않는 사회 환경 때문에 도로나 공원 등 공공시설을 건축물과 일체화해 생각하는, 세계 표준의 도시 디자인이 불가능한 구조로 이루어져 있습니다. 하지만 지바 현 기업청은 우리 도시 디자인 전문가의 의견을 듣고 도시 디자인을 할 수 있는 구조를 거의 기적적으로 마련해 주었습니다. 그래서 지금, 구미의 도시 계획이나 도시 디자인 전문가를 초대해도 부끄럽지 않을 정도의 거리가 주택지로 성립되었지요.

하지만 사업은 완성되었는데 그 후 완성된 질을 유지할 수 있는 아무런 시스템이 없다는 것이 문제입니다. 도로, 공원, 쓰레기 처리장 등 공공시설은 지바 시로 이관됩니다. 마쿠하리 베이타운에서는 기본 계획을 세우는 시점에서부터 개발 이후의 유지 관리도 고려했기 때문에 그것을 이어받아 기업청도 공부를 지속했지요. 그런데 높은 뜻을 가진 지사가 교체되고 재정적으로 상당히 어려워지면서 지역을 유지하고 관리하기 위한 기구를 만들 수 없는 상황이 된 것입니다.

그런 상황에서 주민들 중 유지가 협의회를 만들어 앞으로 지역의 퀄리티 유지를 맡겠다고 나섰습니다. 다양한 사업 프로그램을 도입하겠다는 제안을 했습니다. 예를 들어, 지바 시에 의한 경관 형성 추진 지역으로 지정받겠다는 생각에 현재의 가이드라인을 인용해 경관 형성의 규정으로 삼으려 움직이고 있습니다. 실제로 건설한 지 10년이 지나 주택의 대규모 수리가 실시되었지만 아무런 규정이 없는데도 불구하고 아직 디자인이나 색깔이 거의 바뀌지 않았기 때문에 가이드라인을 주체적으로 인수하는 것이 충분히 가능하다고 보고 있습니다. 20세기 초에 실험적으로 지어진 영국의 레치워스(Letchworth) 전원도시도 오늘에 이르기까지 우수한 주택 유산으로 유지 및 재생되고 있습니다. 그들은 그것을 목표로 삼고 있지요.

구마 마쿠하리는 애당초 조성 시점에서 뜻이 매우 높았지요. 기존의 교외형 주택을 초월하겠다는 마음이 커뮤니티의 원형을 이루고 있습니다. 거기에 이끌려 온 의식 높은 사람들이 10~20년 동안 기거하면서 긴자와 마찬가지로 결속력 높은 커뮤니티를 형성했습니다. 처음의 뜻이 높으면 주민들에게 자부심이 싹트는 것 같습니다.

롯데 우승 축하 퍼레이드(2010년 11월 21일, 제공: 교도통신사)

미노하라 사실 놀라운 일이 발생하고 있습니다. 예를 들어, 프로야구 구단인 지바롯데는 5년 전에 우승을 거두고 마쿠하리 베이타운을 출발점으로 삼아 카퍼레이드를 실시했습니다. 그때 베이타운에서는 엄청난 종이들이 날리면서 선수들을 맞이했기 때문에 베이타운의 주민이기도 했던 밸런타인 감독은 큰 감동을 받아 이런 축하를 해줄 수 있는 곳은 시카고나 뉴욕밖에 없다고 말했습니다.

2010년에도 롯데가 우승을 거두자 종이 퍼레이드를 실시했지요. 이것은 매우 힘든 작업입니다. 베이타운 안에서 1.7미터 정도의 종이를 조각낸 다음 건물 위층에 사는 사람들에게 나누어 주어 타이밍에 맞춰 뿌리도록 해야 하니까요. 청소는 더 힘든데, 5년 전에 불과 15분 만에 청소를 끝냈다는 말을 듣고는 2010년 퍼레이드 때 제가 직접 확인해 봤더니 정말 15분 만에 멋지게 청소를 끝내더군요.

구마 그 비밀은 무엇입니까?

미노하라 물론 롯데 팬들의 힘도 있지만 역시 커뮤니티입니다. 퍼레이드용으로 신문을 크게 조각낸 것을 사용하는데, 종이가 크면 뿌릴 때의 시각적인 효과가 있고 회수하기도 쉽지요. 진지하게 생각했다는 의미입니다.

구마 일본에서도 구역형 도시 계획으로 조성한 거리, 즉 건축의 벽면으로 확실하게 규정된 거리 공간이 존재하지 않는 장소에서는 아무리 의식이 높아도 종이 퍼레이드는 하기 어렵지요. 구체적인 계획이 커뮤니티의 존재에까지 영향을 끼치고 그곳의 문화 수준을 바꾸는 힘을 가지고 있다는 사실을, 마쿠하리를 보면 이해할 수 있습니다.

미노하라 구마 씨의 말씀대로 건축은 역시 강합니다. 그런 힘이 있다는 사고를 바탕으로 사람이 살아가는 서식지 단위의 공간을 어떻게 구성해야 할까요? 결국 그 장소에 어울리는 건축적인 해석을 하나하나 합의하고 형성하는 과정을 통해 만들어 가는 수밖에 없습니다. 그 합의 형성 방식에 전문가가 얼마나 적극적으로 제안하고 개입하며 비전을 그려 내느냐가 중요하지요. 지금은 공무원이나 토지 개발업자도 그런 비전을 거의 가지고 있지 않으니까요.

구마 일본에서는 중국의 건축 버블을 시대에 뒤처진 성장주의라고 비웃는 경향이 있는데, 중국 토지 개발업자는 현재의 환경이나 도시의 경관 문제를 민감하게 읽고 있습니다. 거기에 대한 반응도 빨라 세계가 주목할 정도의 재미있는 선행 사례도 잇따라 나오고 있지요. 현재 일본의 토지 개발업자는 지금까지의 실질적인 사례를 단순히 반복만 할 뿐, 세계 디자인의 흐름에서는 더욱 뒤처지고 있습니다.

1933 라오창팡

타이완과 상하이의 리노베이션 사정

미노하라 제가 부회장을 맡고 있는 국제도시개발회의(INTA) 대회가 2009년 타이베이(臺北)에서 열려, 다다오청(大稻埕)이라는 과거 약재 도매상 거리에 갔습니다. 그곳은 건물을 3층으로 제한해 그만큼 공중의 권리, 즉 공중권(空中權)을 따로 판매하는 구조로 이루어져 있습니다. 도쿄대학의 니시무라 유키오(西村幸夫) 교수도 그 계획에 관여하고 있는 것 같더군요.

구마 타이베이는 낡은 건물의 리노베이션(renovation)에 성공을 거둔 것 같습니다. 리노베이션에 의해 탄생한 서점이나 미술관은 민간 건축임에도 공공 도서관이나 미술관 이상으로 시민들이 잘 활용하고 있습니다. 낡은 주택들이 리노베이션을 통해 몰라볼 정도로 바뀌어 공공 문화 시설로서의 기능을 하고 있는 것이지요. 박스형 건물만 신축하느라 거리를 자멸 상태로 만드는 일본과는 반대입니다.

미노하라 타이완은 확실히 구조를 무너뜨리지 않고 건물의 가치를 향상시키고 있습니다. 또 1990년대 이후 상하이의 변모는 방문할 때마다 놀라지 않을 수 없는데, 신톈디(新天地)나 티엔즈팡(田子坊)은 과거의 거리 모습을 살리면서 새로운 쇼핑 지역을 만들었습니다. '1933 라오창팡(老場坊)'은 1933년에 완성된 돼지 도살장이 쇼핑센터로 바뀐 것입니다.

구마 신텐디는 과거풍으로 보이면서 거의 신축에 가까워 약간 얄팍한 기술을 사용한 듯한 느낌도 들지만 그 도살장은 정말 대단합니다.

미노하라 안도 다다오의 오모테산도(表参道) 힐스와 마찬가지로 리노베이션되어 있습니다. 그 도살장은 돼지가 비탈길을 따라 올라가게 해서 가장 위층에서 도축하는 구조로 이루어져 있었는데, 과거에 돼지가 걸었던 그 길을 사람들이 걷고 주변은 상점으로 이루어져 있지요.

일본은 리노베이션에서 아직 초기 단계입니다. 도쿄의 시모기타자와, 가구라자카, 스다 정(須田町) 주변은 규모나 풍경을 반드시 남겨야 합니다. 무조건 부숴 버리기에는 정말 아깝거든요.

구마 하지만 그런 한편 중국 프로젝트에서 현지 기술자를 찾아보고 깨달은 것인데, 건설과 관련해 생계를 꾸리는 기술자는 중국에 거의 남아 있지 않습니다. 그나마 남아 있는 기술자는 도장을 파거나 자수를 하는, 관광 산업에서 제작을 담당해 온 사람들이지요. 즉 부업 형태로 일하는 사람이 많다는 것입니다. 일본에는 건설 행위의 연장선 위에 기술이 남아 있어서 종합 건설과 장인 정신이 묘하게 연결되어 있지요.

그런 예는 세계적으로 찾아보기 어렵습니다.

미노하라 재미있는 이야기입니다. 일본은 아시아의 변경으로서 중국 문화의 루트가 남아 있다고 해야 할까, 일종의 후계자이기도 하니까요. 꽤 오래전에 마쿠하리에서 그 확대 지역에 상하이의 위위안상청(豫園商城)을 본떠 위위안이라는 명나라 시대 정원의 복사판을 그대로 가져오려는 시도가 있었습니다. 상하이 시민들도 찬성해 주었는데 유감스럽게도 실현되지 않았지요.

그때 상하이 시민들의 말이 충격적이었습니다. 일본에는 송나라 시대 이전 중국의 문화유산은 계승되고 있지만 명나라 시대의 문화유산은 없는데, 위위안은 명나라 시대의 유산이기 때문에 그것을 이어받는 것을 환영한다고 하더군요.

구마 변경이기 때문에 중심 문화의 에센스가 응축되고 보존되는 경우는 흔한 일입니다. 일본과 중국은 바로 그런 관계지요.

미노하라 일본인은 지금 중국을 패권 국가라고 생각해 부정적인 반응을 보이는 경우가 많습니다. 하지만 좀 더 긍정적으로, 서로의 문화적 루트를 발굴해 나가는 논의를 하는 것이 훨씬 바람직하지요.

대담에 덧붙이며

*

2011년 3월 11일 대지진, 쓰나미, 원자력 발전소 사고로 도시나 건축에 대한 사고의 전환이 발생했다. 보전하고 축적해 온 자연적·인공적인 공간 자원과 스톡을 중시하면서 근린적인 인간관계의 재구축을 지향하고, 또 지구 환경 시대에 즉각적으로 대응하면서 보완하고 수정하는 태세를 추구한다는 지금까지의 방법론으로는 해결할 수 없는 과제가 단번에 분출되는 상황이 발생한 것이다.

지금은 집중적으로 고령화되는 재난 피해자에게 손을 내미는 것이 급선무지만 거리나 지역의 부흥은 지금까지와 다른 방법론이 필요하다. 고령화를 전제로 삼으면서 경제 부흥이라는 관점에서 도호쿠(東北) 지방이라는 단위에서 광역적인 국토 계획의 재조명이 이루어져야 한다. 또 거리나 집락 전체의 이전도 고려한 해비탯(habitat. 서식지-옮긴이)의 재편성이 요구된다.

현지에서의 부흥을 선택하는 경우, 재해를 방지하려면 기존의 지역 만들기가 아닌, 예를 들면 멀티해비탯(multi habitat) 등의 자세가 필요할 것이다. 이전을 선택한다면 자동차에 의존하지 않는, 자연과 절충하는 새로운 교외 주택지의 모습이 필요하다.

지방권 단위에서의 거대한 공간 재편성과 새로운 주택지의 조성이 요구되는 거리나 지역의 근린 공간 재편성이라는 흐름으로 중점적 전환이 발생하고 있다. 이때 스톡 시대에 순응하면서 자란 세대가 지금까지의 경험을 초월한 일에 어떻게 대응할 것인가. 그야말로 거대한 도전이 아닐 수 없다.

두 달에 걸쳐 연재된 이 대담으로도 해결할 수 없는 영역이 발생하고 있다는 사실을 덧붙여 두고 싶다.

미노하라 게이

*

미노하라 씨와 대담을 하면서 전후의 도시 정책, 도시 디자인을 재조정하지 않는 한 일본 도시의 존속은 없다는 사실을 강하게 느꼈다. 도쿄 중심의 20세기형 산업 사회를 전제로 삼아 만들어진 제도와 디자인은 내용 연한을 이미 훌쩍 넘겨 버렸기 때문이다.

그 후의 재난은 '재조정하라.'라는 하늘의 목소리처럼 들렸다. 제도를 여건으로서, 그 한정된 상황 안에서 디자인해 온 나를 포함한 일본의 건축가 전원에게 천벌이 내려진 듯한, 몸이 굳는 듯한 느낌이 들었다.

건축을 포함한 모든 인공물의 연약함에 입각한, 자연에

대해 철저하게 겸허한 도시 정책, 도시 디자인이 요구된다. 《파이낸셜타임스(Financial Times)》가 지진과 건축에 관한 글을 써달라는 부탁을 해서 도호쿠라는 개성 있는 장소가 도쿄 방식의 경제 정책, 디자인에 의해 개성이 얼마나 손상되었는지에 관해 썼더니 전 세계에서 반향이 있었다. 미국을 대표하는 건축 평론가이며 비평적 지역주의(critical regionalism)라는 지역 주권을 주장해 1990년대 이후 건축업계에 새로운 관점을 제시한 케네스 프램턴(Kenneth Frampton. 컬럼비아대학교 교수-옮긴이)은 「TOKYO 'cool' has swayed Japan for too long」이라는 내 원고를 읽고 즉시 감상을 이야기해 주었다. "도쿄 중심주의의 배경에는 미국의 상업주의가 존재하며 그것은 하나다. 그 증거로 후쿠시마(福島)의 원자로가 GE 제품이었다."라는 것이다. 다른 사람의 문제로 생각하지 않고 자신의 문제로 생각해 주는 프램턴의 태도에 감탄했다.

이런 관점에서 미노하라 씨가 주장하는 지역발 자주적 도시 계획에 관해 다시 한번 진지하게 생각해 보고 싶다. 우선 도쿄를 거점으로 일하고 도쿄라는 환경에 완전히 젖어 있던 나 자신을 재조명해 보고 비판하고 자성하는 것부터 시작해야 할 것이다.

구마 겐고

'모두의 집'에서
시작되는 것

이토 드요

이토 도요(伊東豊雄)

건축가. 1941년 출생. 주요 작품으로 〈센다이미디어테크〉 〈다마미술대학 도서관(하치오지八王子 캠퍼스)〉 〈이마바리 시(今治市) 이토도요건축뮤지엄〉 등이 있고, 베네치아 비엔날레 금사자상, 왕립영국건축가협회(RIBA) 로열 골드 메달 등을 수상했다.

건축가의 소외감

이토 3월 11일, 지진의 진원지가 도호쿠라는 사실을 알았을 때 우선 센다이미디어테크(센다이 시仙台市 아오바 구青葉區)가 걱정되었습니다. 최상층 천장이 일부 붕괴된 것이 가장 큰 피해였는데, 우연히 그 7층에 있던 사진가가 몸을 숨긴 테이블 밑에서 촬영한 동영상이 인터넷을 통해 전 세계로 퍼졌지요. 몇 번을 보아도 충격적인 영상이었습니다.

그 후 하루라도 빨리 복구해 달라는 시장의 호소를 듣고 센다이 시의 공공시설로서는 꽤 일찍, 지진 피해를 입은 지 두 달 만에 재개관했지요. 7층 이외에는 시민들이 휴식 장소로 꽤 쾌적하게 사용하고 있습니다.[1]

구마 도호쿠는 거품 경제 이후 제가 지방에서 프로젝트를 시작하는 계기가 된 곳이어서 애착이 강합니다. 미나미산리쿠(南三陸)에서 내륙으로 들어간 도요마마치(登米町. 현, 도메 시登米市)에 노가쿠도(能樂堂)를 지은 것을 시작으로, 그때부터 이시노마키(石卷), 후쿠시마, 도치기 식으로 남쪽으로 내려가면서 작은 지역 만들기 프로젝트에 종사했습니다. 도호쿠가 갖춘 지형의 파워, 장인의 파워가 1990년대 이후 제 건축의 토대가 되었습니다.

기타카미가와 운하 교류관(촬영: 후지쓰카 미쓰마사)

이시노마키의 운하 교류관(물의 동굴)은 기타카미가와(北上川)를 따라 이어져 있기 때문에 강을 거슬러 올라갔다는 쓰나미의 피해가 특히 걱정되었습니다. 실제로 모습을 살펴보러 갔더니 건물 본체에는 큰 충격이 없었지만 제방과 연결된 산책로가 피해를 입었더군요.

제가 '귀심회(歸心會)'를 만든 것은 3월 말, 이시노마키로 출발하기 바로 전이었습니다. 도쿄대학의 나이토 히로시(內藤廣)[2] 교수로부터 받은 메일이 계기가 되었습니다.

토목, 도시 계획, 건축이라는 세 가지 전공이 각각 건축을 초월해 정보를 교환하는 학내 플랫폼으로 만들어 보자는 내용이었습니다. 그것을 보고 즉시 나이토 히로시 교수에게 전화를 걸어 대학에서 일하는 사람들만으로 지혜를 짜낼 것이 아니라 건축가들이 자유롭게 발언하고 구체적인 활동을 할 수 있게 하는 것이 더 낫지 않겠느냐는 이야기를 나누었습니다. 그래서 현재 우리가 가장 신뢰하는 건축가들에게 제안하기로 하고 이토 도요, 야마모토 리켄(山本理顯)[3], 세지마 가즈요(妹島和世)[4]에게 연락을 취했습니다.

우선 건축가끼리 논의해 보고 싶다는 생각을 한 것은 지금까지 부흥 재생의 마스터플랜에 디자인 요소가 거의 고려되지 않았기 때문입니다. 한신(阪神) 대지진을 돌이켜보아도 계획은 행정이 주도해서 기계적으로 추진해, 그곳에 새로운 도시를 만들겠다는 의욕이나 꿈이 전혀 느껴지지 않았습니다. 젊은 사람들은 모두 그림(계획)을 그리려 하지 않았고 설계와 계획 전체에서 자기들이 나설 수 있는 곳이 없다는 식의 말 없는 포기가 퍼져 있는 느낌이었습니다. 하지만 정말 건축가가 복구와 '관계없다.'라고 말해도 되는 것입니까? 혼자 힘으로는 해결할 수 없는 문제이기 때문에 건축으로 무엇을 할 수 있는지 모여서 생각해 보고 싶었습니다.

이토 이런 재난이 발생했을 때, 토목 관련 종사자는 국가와 관계가 깊고 조직도 잘 갖추어져 있어서 네트워크로서 즉시 움직일 수 있습니다. 건축가는 대부분 혼자 자유롭게 활동하기 때문에 이런 사태가 발생해도 조직으로부터 제안이 들어오지 않지요. 집이 부서지거나 떠내려가는 모습을 보면 학생을 포함한 건축 관계자는 누구나 '무엇인가 해야 하는 것 아닐까?' 하고 생각합니다. 하지만 그 '무엇인가'가 어디와도 연결되어 있지 않은 상황이 되풀이되어 왔지요.

구마 건축가가 한 마리 외로운 늑대처럼 아무것도 하지 않는다는 사실을 안 뒤 평소에 팀을 만들어 기동력 있게 일을 처리할 수 있도록 해야겠다는 생각이 들었습니다. 한편 건축가들은 '비평성 있는 건축'을 조성하는 것이 가장 중요하다고 생각하고 그 비평 의식이 라이프스타일에 침투해 있지요. 서로의 건축을 비판하는 행위가 일상이 되어 있기 때문에 대담한 제안이나 도시의 장대한 마스터플랜을 제안하자마자 일제히 트집 잡기 시작해 계획이 궤멸되어 버리는 구조를 갖추고 있습니다.

그렇기 때문에 '귀심회'의 첫 논의에서 이토 씨가 "이런 상황에서 서로 비판하는 행동은 그만 하자."라고 말했을 때, 정말 신선하게 들렸습니다.

이토 건축에 종사하는 사람으로서 사회를 위한 건축물을 조성하면서 비판만 일삼는 것이 과연 바람직한가 하는 생각이 들었기 때문입니다. 비판하면서 건축물을 짓는다, 비평으로서의 건축물을 짓는다는 데 의문을 느끼고 어디선가 그것을 역전시키지 않는 한 건축가는 아무리 많은 시간이 흘러도 사회에 동화될 수 없을 것이라고 생각한 것입니다.

사실 재난이 발생하기 바로 전, '극단 고엔지(高圓寺)'를 빌려 우리 사무실 40주년 기념 파티를 열었습니다. 이소자키 아라타와 하라 히로시도 초대해 사무실을 개업한 1971년부터 40년 동안, 일본의 현대 건축이 어떤 식으로 논의되어 왔고 앞으로 어떤 식으로 바뀌어야 할지 토론하는 시간을 가졌습니다.

1970년 비평으로서의 건축이 시작되었다는 것이 제 견해였습니다. 1960년대까지 일본의 건축이나 도시 공간은 베이징올림픽 이전의 중국처럼, 미래는 밝고 멋진 기술 발전의 성과를 발휘할 수 있다는 확신 아래에서 이루어졌습니다. 공공 건축도 1950년대 후반부터 1960년대에 걸쳐 도시적 광장을 가진 시 청사나 시민 회관이 각지에 만들어졌고 건축가는 사회 내부에서 일하고 있었지요.

하지만 오사카 만국박람회가 끝난 1970년을 경계로

이소자키 아라타 씨 등이 관념학파가 되어 갑자기 "건축에 미래는 없다." 하고 말했습니다. 오일 쇼크로 일본 경제에 브레이크가 걸려 있는 시기에 건축을 시작한 우리 세대는 불행한 시대에 건축을 할 수밖에 없다고 인식해 작은 주택에 최대한의 에너지를 소비했지요. 그 후 일본의 건축가가 세계에서 평가받은 것은 그 부정적인 힘이 어필되었기 때문이라고 생각합니다. 하지만 건축가들이 그런 자세를 바꾸지 않는 한, 해외에서는 평가받을지 몰라도 일본 사회에는 전혀 동화될 수 없다는 모순이 존재했고, 지금까지도 그 상태가 이어지고 있습니다.

예를 들어, 건축가를 지망하는 요즘 학생들에게도 저는 의문이 듭니다. 매년 3월 '졸업 설계 일본 최고 결정전'이 센다이미디어테크에서 개최되는데, 올해는 전시 중인 모형이 지진 때문에 날아가 버리거나 스프링클러의 물을 뒤집어쓰는 사태가 발생했습니다. 그 참담한 모습을 보았을 때, 어떤 의미에서 이것은 그 모형이 재난당한 것이 아니라 그들이 생각하고 있는 건축의 콘셉트가 재난당한 것이라는 느낌이 들었습니다.

즉 건축가는 건축가를 위한 건축을 생각해 왔습니다. 자신들의 테두리 안에서만 통용되는 '사회'라는 가공의 틀을 만들어 놓고, 이 건축은 사회를 위해 생각해 낸 훌륭한 것이라는 식으로 설명해 왔지만 건축가 이외의 사람이 볼 때는 '이게 뭐야?'라는 인식밖에 줄 수 없었지요. 건축가와 사회의 이런 거대한 격차가 존재하는 상황이기 때문에 모든 것을 제로로 되돌리는 데 더 이상 좋은 기회는 없다고 생각합니다. 비판을 그만두자고 말한 것은 그런 생각 때문이었습니다.

구마 저와 이토 씨는 나이가 13년 차이가 납니다. 이토 씨 이전에는 이소자키 아라타 씨나 마키 후미히코(槇文彦)[5] 세대였고, 그 전에는 단게 겐조 세대였지요. 이소자키 아라타나 구로카와 기쇼는 부정적인 비평을 내놓으면서 실제로는 그것을 토대로 잇따라 대건축을 담당하는 긍정적인 사람들이었습니다. 1970년대 이후 가장 예리한 건축을 만들어 온 이토 씨를 통해서 우리 학생들은 '비평이란 바로 이런 것이다.'라고 느꼈고 국제적으로도 큰 주목을 모았습니다.

이런 영향 아래에서 저는 1980년대 이후 저 자신의 방향성을 찾았는데, 이토 씨의 건축을 갈고 닦아 추상화하는 방향성과는 전혀 반대로 노이즈를(그것은 환경일 수도 있고 사용하는 사람일 수도 있지만) 건축에 도입해야겠다고 생각했습니다. 누가 무슨 비평을 할지 약간 두렵기도 했지만요.(웃음) 1970년대 이후 '비평의 물결'이 이어지는 일본에서 일한다는 것이 엄청난

스트레스라는 생각을 계속 했습니다.

이토 씨의 건축 작품도 바뀌었다는 사실은 인식했습니다. 분명하게 "비평을 하지 않는 건축을 하자."라는 말씀을 듣고 구원받은 느낌이 들었습니다. 건축계 전반에서 지금까지의 방식을 바꾸어야 한다는 힘을 얻었습니다.

가설 주택에 '리빙 룸'을

이토 센다이미디어테크에는 커피를 마신다거나 신문을 읽으면서 시간을 보내는 식으로 특별한 이유 없이 찾아오는 시민들이 많습니다. 이렇게 '자연스럽게' 사람들이 도일 수 있는 장소야말로 공공 건축의 중요한 조건이라고 생각합니다. 하지만 일본에서는 공간의 기능이 명확할수록 좋은 건축이라고 생각하는 경향이 있습니다. 즉 콘서트홀은 음악만 듣는 장소고 도서실의 아동 도서는 이곳에 놓여야 한다는 식으로 기능이 명확하게 구별됩니다. 하지만 미디어테크는 그런 경계가 없습니다. 노인들을 대상으로 삼는 컴퓨터 교실 옆에서 학생들이 워크숍을 하고 그 근처를 아이들이 뛰어다니는 식으로 노이즈가 교차하는 모습을 보이지요.

이른바 시민에게 리빙 룸 같은 이런 공간이야말로 대피소나 가설 주택에서 생활하는 사람들에게 매우 중요한 역할을 한다고 생각합니다. 6월에 센다이 시내의 가설 주택에서 생활하기 시작한 사람들의 이야기를 들었습니다. 대부분 10평 전후로, 그야말로 걸어 다닐 장소가 없을 정도였습니다. 2DK 공간에 아흔이 넘은 할머니와 아들 부부가 함께 생활하고 있었습니다. 그때까지 정원이 딸린 80평 주택에 살면서 해안가에서 농사짓던 사람이 갑자기 가설 주택으로 들어가면서 "이곳에서 2년을 버틸 수 있을지 모르겠습니다. 어머니도 스트레스를 많이 받고 있습니다."라고 말하더군요.

사람들이 모여서 나름대로 커뮤니케이션을 할 수 있는 장소, '모두의 집'이 될 수 있는 공간을 가설 주택 사이나 대피소에 만들고 싶습니다. 그것을 '귀심회'에서도 어필할 생각이고 실제 프로젝트로 움직이기 시작했습니다.

'모두의 집'도 10평 정도의 리빙 룸 같은 것이라고 말하면 그렇게 작으냐고 반문할지 모르지만, 예를 들어 아들 부부가 낮에 일하러 나가 있는 동안 어머니가 다른 장소에서 시간을 보낼 수 있는 것만으로도 상당한 도움이 될 것이라고 하더군요.

구마 가설 주택은 20세기 공업 사회의 산물인 집합 주택이라는 원형을 그대로 재생산할 뿐입니다. 좁고, 자재가 빈약하다는 문제 이상으로 가족을 개별적인 존재로서 주위와 분리시켜 놓았다는 것이 가장 큰 문제입니다. 대피소에는 적어도 어떤 노이즈를 공유할 수 있는 공간이 있는 데 비해 가설 주택에는 집회장이 있어도 형식적일 뿐 공동성은 탄생하기 어렵습니다.

'모두의 집'에서는 우리가 느끼기 시작한 유대를 생각한 건축의 존재를 보여 주고 싶습니다.

이토 그렇습니다. 일부 자치 단체는 복수의 업자에 의한 입찰을

센다이미디어테크(제공: 미야기 현宮城縣 관광과)와 1층 테라스

통해 가설 주택을 발주하더군요. 하지만 미묘한 가격 차이뿐 아니라 계획이나 배치 방법을 포함한 경합이 있다면 더 나은 건물을 지을 수 있을 것입니다.

현지 목소리가 계획에 반영되고 있는가

이토 항간에서는 정치가 깨끗하지 않기 때문에 이번 복구가 늦어지고 있다는 불평도 나오고 있습니다. 하지만 복구 계획은 엄청나게 빠른 속도로 진행되고 있습니다. 다만 그것이 신문에 알려지지 않고 어떤 장소에서 어떤 식으로 진행되고 있는지 알 수 없을 뿐입니다. 현지와 가까운 사람들의 이야기를 들어 보면 재난이 발생한 지 사흘 뒤 토목 컨설턴트가 각지로 들어가 피해 조사를 시작했다고 합니다. 자치 단체도 말할 수 없을 만큼 일손이 부족하기 때문에 그 보고에 근거한 토지 이용 계획을 한시라도 빨리 지역구와 국가에 보고해 예산을 확보하기 위해 움직였습니다.

그런데 그런 움직임에 주민들의 의사가 포함되어 있지 않았습니다. 당사자의 목소리를 듣다 보면 시간이 걸리니까 오히려 그것을 피하는 식으로 계획을 준비하는 것 같습니다. 사실 계획은 대부분 변경할 수 없는 단계에서 공표됩니다. 주민 설명회에서 처음으로 자신의 집에 도로가 생긴다는 사실을 알게 될 가능성도 얼마든지 있지요.

저는 가마이시 시(釜石市)의 재해 복구 프로젝트 회의에 관여하고 있는데, 아직 공식적인 선이 그어지기 전 계획에

민의를 포함시키는 일이라면 우리도 할 수 있지 않을까 하는 생각에 주민들과 함께 워크숍을 되풀이해 왔습니다. 다양한 의견이 나왔는데, 최종적으로 어떻게 될지는 아직 알 수 없는 상황입니다.

구마 아이치만국박람회장 설계를 담당했을 때, 일본 행정 시스템의 현실을 알고 완전히 지쳐 버렸습니다. 제게 주어진 것은 박람회장계획위원회 좌장이라는 자리뿐, 계획에 대한 실질적인 관여는 전혀 허락되지 않았는데도 언론 매체에서는 마치 제가 그림을 그린 것처럼 이야기하더군요. 이번 복구 계획에서도 중앙, 중추에 가까운 회의일수록 그런 성격이 강해질 것이고 그런 상황에서는 아무것도 기대할 수 없습니다. 복구구상회의 구성원들이 발표된 다음 날, 저와 이소자키 아라타는 우연히 상하이 공항 대합실에 있었습니다. 이소자키는 신문을 보더니 "여기에 들어간 사람들은 모두 희생자야."라고 말씀하시더군요. 이소자키는 1970년 오사카만국박람회에서 쓰라린 경험을 했기 때문에 잘 알고 있는 것이지요. 행정 시스템 내부에 휘말리지 않고 그림을 그릴 수 있는 길을 찾는 수밖에 없습니다.

이런 상황에서 약간 위험하다는 느낌이 드는 사람들이 재미있는 것을 생각해 냈습니다. 예를 들어, 도쿄의 어떤 비영리 민간단체는 와카바야시 구(若林區. 센다이 시)에 일종의 캠프를 만들려고 합니다. 장기적 마스터플랜을 생각하면서 결국 아무것도 하지 못하는 사람들과 전혀 반대로 피해 지역을 방문한 사람들에게 제공할 카페나 숙박 장소부터 준비하는 것입니다. 실제로 방문해 보니 간신히 사용할 수 있는 농가의 창고에 주오 선 연선에서 생활하는 젊은 사람들이 재료를 모아 식사를 제공하고 있었습니다. 저와 학생들은 앞으로 그 옆에 남겨진 잔해들을 상품으로 가공하기 위한 일을 할 생각입니다. 가설 캠프가 확대되어 탄생하는 새로운 거리가 매력적이라고 생각합니다. 그런 특별한 가건물의 연장선으로서 도시 계획에 디자인 능력을 발휘할 수 있으면 좋겠다는 생각이 듭니다.

또 하나, 지역 기술자들과의 협력 작업도 시작했습니다. 도호쿠 공예품에 대한 개인적인 애착도 있어서 지역 공방을 돌아다니며 살펴보고 있는데, 작업장이 부서져 버렸을 뿐 아니라 일손이나 수주가 줄어들어서 모두 몹시 어려운 상황이더군요. 그런 사람들과 함께 무언가 만들고 판매하고 그 이익을 기술자 양성을 위한 장학금으로 이용하는 EJP(East Japan Project)라는 프로젝트를 시작했습니다. 예를 들어, 미야기 현의 이와데야마(岩出山)에는 그곳에서 얻을 수 있는 조릿대를 세공하는 기술자들이 있습니다. 그들의 노하우를 살리면서 지금까지의 디자인을 약간 변경해 새로운 시대의 카본프리(carbon free. 배출된 이산화탄소의 양만큼 온실가스 감축 활동을 하거나 환경 기금에 투자하는 것-옮긴이) 라이프스타일을 위한 상품을 만들 수 없을지 의논하는 중입니다.

이토 실제로 현지인과 이야기를 나누어 보면 다양한 아이디어가 나옵니다. 가설 주택에서 이야기를 나누거나 워크숍에 초대하면 처음에는 모두 "우리는 어려운 건 모릅니다." "그렇게 불편한 자리에는 가고 싶지 않습니다."라며 거절합니다. 하지만 한 시간 정도 무릎을 맞대고 대화를 나누면 "'모두의 집'이라면 가마솥이 있으면 좋을 것 같군요. 과거에는 모두 가마솥에 밥을 해서 함께 식사했으니까 어머니도 기운이 나실 겁니다." "장작 스토브가 있으면 좋겠습니다. 처마 밑에는 장작을 가득 쌓아 놓고…….."라는 식으로 속내를 털어놓습니다.

구마 다만 그런 목소리를 형태화할 수 있는 프로세스가 없기 때문에 사람들의 의식과 실제로 진행되는 계획의 수준에 큰 차이가 발생하는 것이지요.

이토 그렇습니다. 다른 지역에 대해서는 잘 모르지만 가마이시에는 강하고 자기희생 정신도 갖춘 분이 많습니다. 그 덕분에 오히려 제가 기운을 얻어서 돌아오는 경우도 많지요.

하지만 모두 "마지막에는 우리 힘으로 마을을 만들고

싶습니다."라고 분명하게 말하고 있는데, 실제로는 보이지 않는 곳에서 그림이 그려지고 있다는 구조적인 모순이 왜 표면으로 드러나지 않는지 정말 신기합니다.

경계를 단계적으로

이토 매우 위험을 느끼는 부분은 안전 신화만 중시해 도호쿠에 한신 대지진의 부흥 같은 근대적 도시가 만들어지지 않을까 하는 문제입니다. 도호쿠는 중앙에서 동떨어져 있기 때문에 아름다운 자연 경관을 유지해 왔습니다. 그런데 지금 또 중앙의 발상으로 산을 깎고 고지대로 이주하면 된다는 이야기가 나오고 있습니다. 일본의 도시 계획에서는 대재해 이후 반드시 용도 지역을 쉽게 설정해 도시가 형성되어 왔습니다. 교외 개발과 같은 방법이지요. 주민들의 삶에 전혀 도움이 되지 않는 심각한 도시가 형성될 것이 뻔한데, 또 그런 일이 되풀이되려 하고 있습니다.

구마 그렇습니다. 용도 지역은 20세기 미국에서 시작된 특수한 시대의 특수한 제도입니다. 그것은 20세기 공업화 사회를 전제로 삼는 직장과 주거지를 분리하는 사고방식이지요. 유대 관계의 단절입니다. 유럽을 비롯해 지금은 전 세계가 그 절단적 도시 계획에서 벗어나려 하고 있지만 일본의 건축기준법이나 도시계획법은 아직도 용도 지역을 기준으로 삼아 이미 오래전에 막을 내린 미국 방식의 공업 사회 우등생으로 남아 있습니다.

그 방식의 기본은 지역을 사무실, 주택, 상업 지역이라는 용도별로 구분해 각각 용적률, 고도 제한을 주어 그것으로 도시 계획을 완성했다는 착각에 빠지는 것입니다. 하지만 그것은 도시가 아닙니다. 사람들은 이런 단순한 도식 안에서는 살 수 없습니다.

이토 재난 지역을 자세히 둘러보고 건물이 완파되었는지, 그렇지 않은지는 극히 미묘한 차이라는 사실을 알았습니다. 소나무나 약간의 언덕 덕분에 집이 간신히 남아 있는 경우를 도처에서 볼 수 있었습니다. 그런 미묘함을 계획에 포함시켜야 합니다.

기존의 방조제에 첨가해 철도나 고속도로의 고가를 만들어 단계적으로 경계를 형성하고 쓰나미에 대비하자는 의견이 나왔습니다. 하지만 마을을 분단하는 발상보다는 좀 더 다양한 형태로 쓰나미를 막을 수 있는 방향으로 추진되어야 아름다운 도시를 되살릴 수 있습니다. 지금 쓰나미 피해와 관련된 시뮬레이션은 정밀도가 매우 높기 때문에 그것을 대폭적으로 활용해 단계적인 경계를 만들어 가야 합니다.

근대의 도시, 근대의 건축에서 경계는 중요한 문제이기 때문에 구마 씨나 저나 그것을 완화시킬 수 있는 형태로 디자인해 오지 않았습니까. 알기 쉽게 말하면, 과거 일본의 목조 가옥은 차양이 드리워져 있고 툇마루도 있고 장지문이 있는 식으로, 자연을 어떻게 단계적으로 살릴지를 염두에 두고 지어졌습니다. 그런데 현대 건축의 근본에는 '구분'이라는 발상이 있어서 방과 방을 구분하는 것으로 보다 기능을 발휘할 수 있다고 생각합니다. 안과 밖의 경계를 명확하게 하는 쪽이 효율성 있고 내부의 균질한 환경을 만들 수 있다고 생각하는 것이지요.

지금 일본에서 제기되는 에너지 절약 역시 일반적으로는 안팎의 경계를 명확하고 확고하게 하여 내부의 에너지양을 줄이는 방향으로 가고 있습니다. 이를 위해 자연 에너지를 사용한다고 말하고 있지요. 저는 오히려 반대로, 경계를 모호하게 만들어서 자연의 에너지를 내부에 받아들이는 방법을 이용하는 쪽이 최종적으로는 에너지를 더 절약할 수 있다고 생각합니다. 자연과 가까운 관계에서 살아온 도호쿠 주민들에게는, 일본 전체의 사상을 바꿀 수 있는 기회라고 생각합니다.

구마 도호쿠 연안부는 각각의 만에 의해 환경 조건이 바뀌는 곳이어서 당연히 방재나 에너지를 둘러싼 조건도 각각 다릅니다. 구상 회의에서 결정된 기본 방침을 톱다운으로 적용하는 형태를 취한다면 그곳에 아무리 훌륭한 철학이 존재한다고 해도 밑으로 내려갈 때는 그 철학이 옅어지고 균질화되어 유연한 계획이 될 수 없습니다. 톱다운이 가장 어울리지 않는 장소에 톱다운을 강요하는 것이지요. 각각의 장소에 시간을 할애할 수 있는 사람을 배치해서 보텀업으로 생각해야 합니다.

현재의 기본 구상은 세금이나 재원 문제를 해결하지 않으면 그림도 그릴 수 없다고 말하면서 실제로는 수면 아래에서 선긋기가 진행되는 등 바람직하지 않게 전개되고 있습니다.

‘일단’의 미래를 확인하고

이토 도호쿠의 인구는 감소하고 산업도 쇠퇴의 길을 걷고 있는 상황에서 재난이 발생했습니다. 지금 자치 단체가 자기 지역의 재건에 최선을 다하는 것은 당연한 일이지만, 충격을 그 지역에서만 감수하면 상처는 더욱 커질 수밖에 없습니다. 따라서 개별적으로는 상당한 차이가 발생할 수 있다는 사실을 전제로 삼으면서 이와테(岩手)에서 후쿠시마까지의 연안부 전체에서 무엇인가 새로운 풍경 또는 ‘이것이 도호쿠다.’라는 정체성을 만들어 내지 않으면 환경은 앞으로 더욱 혹독해질 것 같다는 느낌이 듭니다.

이것은 현지 산업의 미래와도 깊은 관련이 있습니다. 구마 씨가 아까 말씀하신 것처럼 하나하나는 작을지 모르지만 도호쿠의 기술자들만이 할 수 있는 일은 얼마든지 있습니다. 그런 기술이나 어업을 포함한 산업과 관광이 재난 지역의 미래에 매우 중요합니다.

구마 아무래도 가설 주택의 착공 상황이나 집을 잃은 사람들을 어떻게 생활하게 할 것인가 하는 문제에만 주목하기 쉽지만 일을 어떻게 만들어 낼 것인가 하는 문제 역시 그에 못지않게 중요합니다. 일이 없으면 주택이 있어도 의미가 없으니까요.

주거지와 동시에 어떻게 돈을 벌고 어떻게 생활할 것인지도 디자인해야 합니다. 그때 지금과 같은 탈공업화 사회에서는 관광과 생산을 동시에 생각할 필요가 있습니다. 관광과 생산의 존재와 사람들이 생활하는 장소를 연동시키지 않으면 안 됩니다. 그 세 가지를 분리해서 생각하고 상자형 주택이 늘어서 있는 풍경이 연출된다면 수백 년이 지나도 관광지는 될 수 없습니다. 이 말은 일도 생겨날 수 없다는 의미지요. 즉 단순한 형무소를 만들 뿐입니다.

이토 그렇습니다. 그리고 먼 장래 모습을 그리는 것뿐 아니라 오늘내일 어떻게 해야 할 것인지, 미래가 어떻게 연속될 것인지의 문제도 생각해야 합니다. '일단 급하니까.' '본격적으로는 이제부터 생각하면 된다.'라고 말하면 그 사이에서는 아무런 연속성도 탄생할 수 없고 그 '일단'이 비참한 결과를 낳게 되지요.

연안부에 있던 작은 공장들의 잔해가 아직도 치워지지 않았습니다. 하지만 새로운 장소에 공장을 짓는데 농지 전용 문제 때문에 1~2년 걸려 버리면 종업원은 모두 사라져 버릴지도 모릅니다. 그러니까 가설 주택과 마찬가지로 '가설 공장 지대'도 필요합니다.

긴 변화의 시작

이토 도호쿠에는 아직 지역의 커뮤니티가 남아 있고 재난 이후 그곳에서 나온 리더들이 사람들이 연결될 수 있는 장소를 만들려 하고 있습니다. 젊은 사람들이 그곳에 입회해서 건축이란 무엇인가, 그 공간에 어떤 형태를 제공해야 하는가를 생각해야 합니다. 센다이에서 학생들과 이야기를 나누다 보면 도쿄보다 재난 지역의 실태를 훨씬 가깝게 느끼고 감수성 면에서도 상당히 진도가 크다는 것을 알 수 있었습니다. 하지만 정말로 지금까지 생각해 온 자신의 건축을 바꾸겠다는 것인지는 의문이 남습니다.

그것은 제 문제이기도 합니다. 지금 제1호 '모두의 집' 그림을 그리고 있습니다. 지금까지의 발상이 제로로 돌아갔으니까 디자인이 좋다거나 나쁘다는 문제가 아니면 당연한 듯 박공지붕을 그리는데, 어딘가 부족한 느낌이 듭니다. 하지만 나 자신의 세계에 틀어박혀서 그것을 완화시켜 봤자 '아직도 지금까지의 색조를 버리지 못하고 있구나.' 하는 느낌만 들고요. 진지하게 생각해 보면, 나름대로 새롭게 들이대는 듯한 재미있는 문제이기 때문에 최선을 다해 노력해 볼 생각입니다.

구마 예를 들면, 1755년 발생한 리스본 지진이 신에게는

2011년 10월 완성된 '모두의 집'(센다이 시 미야기노 구宮城野區)

더 이상 의지할 수 없다는 형식으로 유럽의 계몽주의와 과학주의 형성에 큰 영향을 끼쳤고, 그 결과 20세기 모더니즘 건축이 나타난 것을 생각하면 이번에도 긴 시간이 걸릴지 모르겠습니다. 리스본 지진 못지않은 임팩트를 역사에 남길 수도 있겠지요.

완성된 '모두의 집'을 자주 방문하면서 서서히 사람들의 의식이 바뀌고 그 마음이 실제 도시 디자인에 반영되기까지 절대로 포기해서는 안 되겠지요. 그런 전환의 작은 계기를 만들어 가는 것이 '귀심회'의 역할일지도 모르겠습니다.

이토 그렇습니다. 가설 주택에서 생활하는 할아버지가 '처마 밑에 장작이 쌓여 있으면…….' 하고 생각하는 집의 모습은 많은 사람의 마음속에 있는 공통된 이미지입니다. 건축가는 왜 직접적으로 그런 그림을 그릴 수 없는 것일까요? 차양이 없어야 집이 더 아름답다거나 평평한 지붕이 좋다거나 유리를 끼우는 쪽이 아름답다는 식으로……. 구마 씨는 그런 것들을 디자인하고 있지만, 40동안 건축 일을 하다 보니 저도 간단히 "네, 알겠습니다."라고 말하기 어려운 부분이 있습니다. 그런 걸 보면 정말 1세기는 걸려야 할지도 모르겠습니다.

1. 센다이미디어테크의 복구. 2012년 1월 7층을 포함한 전관이 문을 열었다.

2. 나이토 히로시(內藤廣, 1950~) _ 건축가. 가나가와 현 출생. 주요 작품으로 〈바다의 박물관〉 〈아즈미노치히로미술관〉 〈마키노도미타로(牧野富太郎)기념관〉 등이 있고, 저서로 『건축적 사고의 향방(建築的思考のゆくえ)』 등이 있다.

3. 야마모토 리켄(山本理顕, 1945~) _ 건축가. 중국 베이징 출생. 주요 작품으로 〈사이타마 현립대학〉 〈공립하코다테미라이대학〉 〈요코스카(横須賀)미술관〉 등이 있고, 저서로 『신편 주거론(新編 住居論)』 등이 있다.

4. 세지마 가즈요(妹島和世, 1956~) _ 건축가. 이바라기 현 출생. 주요 작품으로 〈작은 집〉 〈매화나무 숲의 주택〉 등이 있다. 1995년 니시자와 류에(西沢立衛) 씨와 설립한 건축가 유니트 'SANAA'라는 이름으로 〈가나자와(金沢)21세기미술관〉 〈롤렉스러닝센터(Rolex Learning Center)〉 등을 담당하고 있다.

5. 마키 후미히코(槇文彦, 1928~) _ 건축가. 도쿄 출생. 주요 작품으로 〈스파이럴(Spiral)〉 〈마쿠하리메세(Makuhari Messe)〉 〈아사히TV 본사 빌딩〉 등이 있고, 저서로 『어른거리는 도시(見えがくれする都市)』 등이 있다.

재난을 거쳐
탄생하는 픽션

오카다 도시키

오카다 도시키(岡田利規)
연극 작가, 소설가. 1973년 출생. 연극 컴퍼니 '체르피추(Chelfitsch)' 주재. 저서로 『우리에게 허락된 특별한 시간의 끝(わたしたちに許された特別な時間の終わり)』(제2회 오에겐자부로상大江健三郎賞 수상) 등이 있다.

일본인에게 퍼블릭이란?

구마 오카다 씨의 연극은 일상을 그대로 무대 위에 올려놓은 것처럼 보입니다. 해외에서 공연하면 반응이 어떻습니까? 그들에게 '일본의 일상'은 전혀 인연이 없는 세계겠지요?

오카다 그 질문에 대답하는 건 제게 매우 어려운 일입니다. 그 이유는 우선 '일상을 그린다는 것은 무엇인가?' 하는 작은 규모의 이야기조차 저 자신이 확실히 이해하지 못하기 때문입니다.

제가 일상을 그린다는 표현은 맞습니다. 하지만 예를 들어, 무대 위에서 이루어지는 연기가 일상과 똑같다고 보더라도 무대 그 자체가 비일상의 공간이라는 점은 흔들리지 않는 사실이지요. 또 저는 '특별한 의미가 있는 것처럼 보이지는 않지만 평소에 보여 주는 동작'이라는 신체 동작을 무대 위에서 제시합니다. 하지만 그때 제가 하고 있는 동작이 일상의 동작을 그대로 끌어와 무대 위에 올려놓는 것인지, 아니면 일종의 과장이거나 가공한 동작은 아닌지, 스스로도 잘 모르겠습니다. 이것이 어느 정도 해상도로 본 일상을 그리고 있는가 하는 문제와 관련 있을 것이라고 생각하기는 합니다만.

제 퍼포먼스에서 느낄 수 있는 사람과 사람의 거리감은,

예를 들어 유럽 관객 입장에서는 상당히 이질적인 것이지만, 이질적이라는 것이 문화의 차이에서 오는 인상인지, 아니면 단순히 이 퍼포먼스가 다른 연극과 다르다는 것인지, 그것 역시 잘 모르겠습니다. 애당초 일본의 관객이라고 해도 '일상'을 보는 방식은 각각 다르니까요. 따라서 모든 것이 깨끗하게 구별되지 않기 때문에 해외의 반응이 일본과 비교해서 어떤가 하는 간단한 질문에도 늘 제대로 답변할 수 없습니다.

구마 사람과 사람의 거리감이 그들의 일상과 미묘하게 다르다는 것이 해외 관객 입장에서는 매우 재미있을지도 모르지요.

오카다 해외에서의 반응을 보고 일상이 이런 느낌이라는 감각은 전달되고 있구나 하는 생각이 드는 경우는 많습니다.

그것은 유럽 관객의 무대를 보는, 퍼포먼스를 경험하는 데에 대한 리터러시(literacy)가 높은 것과도 관계있다는 생각이 듭니다. 사회 안에서 퍼포밍아트(performing art)의 자리매김이 일본과는 전혀 다르니까요.

구마 일상에 관한 의식은 건축에서 말하는 기념성(monumentality)과 정확하게 겹칩니다. 보통의 주택이 일상이라고 한다면 시청이나 미술관 같은 거리의 기념비적인 건축은 무대 위에 올라가 있는 것과 같은 존재지요.

즉 건축에도 일상과 일상에서 한 걸음 벗어난 연극적 세계가 존재하는 것입니다. 예를 들어 거리 한가운데 광장 쪽을 향해 미술관을 설계하라는 말을 들으면 나름대로 연기를 구사해야 합니다. 작은 주택을 설계할 때처럼 자연스러운 행동이 허락되지 않는 상황이 존재하기 때문에 그 '무대 위'라는 특수한 상황에 대해 우리는 늘 고민하고 망설입니다. 이것을 총칭해서 '기념성 문제'라고 불러도 되겠지요.

유럽 사회는 그런 눈에 띄는 장소에 조성하는 일반 건축(퍼포먼스)에 익숙한 느낌이 듭니다. 퍼포밍아트도 공공 건축도 생활의 일부로서 고대 그리스 이후 줄곧 사용해 왔지요. 오카다 씨의 말을 빌리면 리터러시가 있습니다. 그런 환경이라면 건축가는 정말 일하기 편하지요.

한편 일본의 공공 건축은 전후 60년에 걸쳐 지방 건설업을 지원하기 위해 공공 투자가 필요하다는 논리만 형성되어 왔습니다. 그렇기 때문에 공공 건축의 연극성에 대해 일본 사회가 익숙해지거나 친근해지는 경우는 없었고 버틀이 붕괴하자 단번에 '답답한 박스'는 필요 없다는 불만이 분출된 것입니다. 기념성을 사회에 필요한 기능으로서 적절하게 활용하는 전통이 없었던 것입니다.

오카다 일본 사회는 확실히 기념성이나 수행성(performativity)에 익숙하지 않습니다. 그렇다면 그런 공공성이 있는 연극이나 건축이 일본에 필요하다고 생각하십니까?

구마 결론부터 말하면 저는 필요하다고 봅니다. 일반적인 건축이 도시의 중심에 솟아 있는 것과 마찬가지로 개인의 초라한 집도 일종의 연극으로서 도시 안에 표출되어 있지요. 일본인이 의식하지 못했던, 일상에 깃들어 있는 모든 연극성을 역조사(逆照射)한다는 의미에서 공공 건축과 공공성 있는 연극은 필요하지요.

오카다 저도 그렇게 생각합니다. 예를 들어, 자연스러운 연기를 할 때 연기하지 않는 평소 내 모습을 포착하려고 하면 무엇이 자연스러운 모습인지 정확히 이해할 수 없어서 오히려 연기가 어색해지거든요. 사람은 일상적으로 연기를 하고 있다는 관점을 가져야 이해하기 편합니다.

일상·비일상의 조절

오카다 구마 씨의 책에서 케인스가 주장한 공공 투자에 의해 '거대한 건축'이 조성된 결과, 전후 일본에서도 건축가들이 공공과 직면하지 않을 수 없는 상황이 발생했다는 내용을 읽었습니다. 시민과 워크숍을 거쳐 건축물을 짓는다는 움직임이 거기서 시작됐다는 것을 알고 연극이 지금 직면한 사태를 건축이 먼저 경험했다는 사실이 재미있게 느껴졌습니다.

일본에서는 지난 10여 년 동안, 무슨 이유에서인지 연극의 공적 조성금 제도가 꽤 충실해졌습니다. 그래서 우리도 공적인 돈을 받고 작품을 만드는 이상, 아무래도 우리의 퍼포먼스가 그럴 만한 가치가 있는지 철저하게 생각하지 않을 수 없습니다. 저는 공공성이 있는 연극은 필요하다고 생각합니다만, 그것이 정말 일본 사회에 의미 있을지는 자신 없습니다. 연극계 입장에서는 공공성이 있다고 말하는 쪽이 당연히 도움이 될 테니까 어떻게든 설득력 있는 논리를 생각하려는 것뿐인지도 모르지요.

구마 필요하다는 사실을 스스로 인정하기 어렵다는 비판적 의식이 오카다 씨의 연극을 지탱해 주고 있다는 생각이 듭니다.

필요한가, 그렇지 않은가 하는 문제는 어떤 행동과 그에 대한 반응을 통해 비로소 증명되는 것이지 아프리오리(apriori. 인식이나 개념이 후천적 경험에 의존하지 않고 그것에 논리적으로 앞선 것으로서 부여된 것-옮긴이)로 제시되는 것은 아니라는 점이 중요합니다. 건축도 마찬가지로, '여기에 정말 기념성이 존재하는가?' 하는 질문을 끊임없이 던져야 하지요.

오카다 씨는 작품에서도 '이것은 연극인가, 일상인가?' 하고 끊임없이 자문하고 있다는 점이 재미있습니다. 2011년 2월에 본, 오카다 씨가 주재하는 '체르피추'의 무대 〈코끼리 거북의 소닉라이프(ゾウガメのソニックライフ)〉에서 가장 머릿속에 남는 것은 "지금 내가 무엇을 하고 있는가 하면……."이라고 자신에게 질문을 던지는 대사입니다. 저도 모르게 머릿속으로 그 대사를 몇 차례 반복했지요.(웃음) 정말 멋진 대사입니다.

오카다 그렇습니까? 그 대사만 빼내서 이야기하니까 쑥스러운데요.(웃음) 그건 그렇게 말로 표현해 버리면 무대 위의 행위가 그렇게 보인다는, 연극의 접근 방법입니다.

구마 그런 날카로운 질문이 건축에도 필요하다고 생각합니다. 모두가 부자연스러운 건축은 싫다고 생각하지만 일상을 그대로 공공장소로 가져간다면 그것도 일종의 폭력이 되어 버립니다. 그렇다고 워크숍이라는 단계를 거치면 무엇이건 허락되는

〈코끼리 거북의 소닉라이프〉(촬영: 기쿠코 유츠야마)

것도 아니지요. 의문이 끝없이 반복됩니다. 제가 일찍이 건축을 지워 버리고 싶다고 생각한 이유도 그런 의문의 하나였는지 모릅니다.

기념성을 정당화하는 과정에서 항상 자각적으로 자신을 부정하면서 의문을 던지는 태도가 중요합니다. 의문을 느끼지 않고 기념성만 앞세워 실행한다면 더 이상 기대할 것은 없겠지요.

오카다 기념성과 일상성의 조절에 관해서 구마 씨에게 묻고 싶었습니다. 예를 들어, '이것은 너무 지나치다.'라는 판단은 어떤 기준으로 내리는 것입니까? 제가 연극을 만들 때에도 자연스러운 일상성과 수행적인 비일상성의 조절을 나름대로 생각하지만 그때 상당히 수행적인 연기를 하고 있다고 생각해도 도가 지나친 경우는 많지 않습니다. 오히려 더 확실하게 수행적인 연기를 해도 되겠구나 하는 느낌이 드는 경우가 많습니다. 기념성에 대한 경계심이 없는 것도 위험한 것 아닌가 하는 생각이 들지만 최근 들어 지금까지의 저는 그런 부분을 너무 두려워하지 않았나 하는 생각이 들 정도입니다.

구마 픽션성이 강해졌다는 말씀인가요?

오카다 그렇습니다. 전에는 일상성을 무대 위에 제시하고 '일상은 그 상태로도 사실 꽤 이상한 것이다.'라는 점을 전달하려 했습니다. 하지만 그 시점의 저 자신에게는 '일상' 안에도 픽션이나 연기가 포함되어 있다는 관점이 희박했습니다.

그런 사실을 의식하기 시작한 이후부터 일상에서는 이런 것이 없다고 여겨지는 요소도 공연에 포함했지요. 그래도 막상 그런 식으로 연기해 보면 일상의 범주 안에 존재하는 것을 이용할 뿐이라는 느낌이 드는 경우가 많습니다.

구마 사람들이 이용하기 직전의 공사 현장에 있다 보면

불안감을 떨쳐 버리지 못합니다. 하지만 막상 건물 주변을 사람들이 오가면 '그래, 이 정도면 되는 거야.' '이 정도는 일상에 융화될 수 있는 거야.'라는 발견을 하는 경우가 많습니다. 반대로, 별것 아닌 존재가 뜻밖으로 일상에 녹아들지 않는다는 사실을 발견하는 경우도 있습니다. 그때의 발견을 통해 다음 건축에서는 한 걸음 더 나아가 새로운 공간으로 발을 들여놓고 일상에 녹아들 수 있는지, 그렇지 않은지 도전하지요.

오카다 그런 부분을 다음에 살린다는 생각은 저도 마찬가지입니다.

구마 그런 경험을 되풀이하면서 비로소 제 건축을 발견하게 됩니다. 제 건축이나 작풍이 처음부터 존재한 것이 아니라 일상이라는 대상에 서서히 단련되는 과정에서 조금씩 발견하는 것이지요.

오카다 배우 역시 과거에는 자연스러운 상태가 가장 좋다, 수행성 있는 연기는 바람직하지 않다고 생각했습니다. 하지만 배우에 대한 제 기호도 많이 바뀌어 지금은 수행성을 느끼게 하지 않는 배우보다는 자신의 수행성을 감추지 않고 무대 위에 설 수 있는 배우 쪽이 훨씬 더 좋다는 느낌이 듭니다.

자연스러운 건축은 성실한 건축인가?

구마 수행성이 바람직하지 않다는 느낌, 일종의 그런 수치심은 1990년대 이후라는 시대의 감성이기도 하다는 생각이 듭니다. 오카다 씨는 연극 안에서 자신에게 허락할 수 있는 수행성을 연마하는 과정을 통해 그 내부에 머무르면서 수행성을 해체하고 있지요.

한편으로, 포트 B(Port B)를 주재하는 다카야마 아키라(高山明. 탤런트, 성우-옮긴이)처럼 극장 공간의 외부에서 형식의 해체를 통해 수행성을 해체하는 방식도 있습니다. 오카다 씨는 그런 방향에 관심이 있습니까?

오카다 마침 2011년 5월에 함께 빈예술제에 참가했던 다카야마 아키라와 이야기를 나눌 기회가 있었는데, 서로 지향하는 방향이 정반대여서 정말 재미있었습니다. 다카야마 아키라는 배우가 대사를 읽고 허구의 역할을 연기하는 연극이 아니라 오히려 현실 세계의 사람들이나 풍경이 허구로 보이도록 하는 일을 합니다. 이것은 '포스트 드라마 연극'이나 '다큐멘터리 연극'이라고 불리는, 세계적인 연극의 조류지요.

저 나름대로 이해한 바를 말씀드리면, 이런 움직임은 픽션이 사람들에게 작용하는 힘을 잃었다는 인식 때문에 등장했다고 생각합니다. 덧붙여, 극장에 발을 들여놓은 적이 없는 사람들이야말로 정말로 연극이 필요하다는 생각에 공공의 공간을 상연 공간으로 삼거나 사회 문제를 직접 다룬 작품이 다양하게 탄생하기도 했지요. 그것은 '공공에 투자하는 연극'이라는 논리에 대한 설득력을 높였다고 할 수도 있습니다. 매우 성실한 흐름이지요. 그런 흐름을 일본에서 실천하는 대표적인 분이 다카야마 아키라입니다.

저는 자질적으로 그런 일은 할 수 없기 때문에 평범한 극장 안에서 퍼포먼스를 상연하고 있습니다. 다카야마 아키라 씨 같은 사람이 있기 때문에 제가 만드는 퍼포먼스도 상대화되어 안심하고 제가 하고 싶은 일을 할 수 있는 거죠.

구마 극장 공간이라는 프레임을 지키면서 그곳에서 연극을 진화시키는 과정이 재미있습니다. 제가 설계를 시작한 무렵에는 건축물을 짓는 일이 창피하다는 생각 때문에 눈에 보이지 않는 건축에 얽매어 있었습니다. 하지만 눈에 보이지 않도록 건물을 모두 나무로 둘러싸도 그것은 그 나름대로 하나의 퍼포먼스였습니다. 눈에 보이지 않는 건축 역시 기본적으로는 무대 위에 서고 사람에 대해 연기하는 것이지요. 그 점을 깨달은 뒤로 제 건축이 진화하기 시작한 것 같습니다.

오카다 눈에 보이지 않는 건축이라는 것은 자연스러운 연기와 매우 닮은 것 같습니다. 자연스러운 연기를 구축할 때 두려운 것은 "하지만 그 자연스러움이 모두 의도적으로 조합된 것 아닌가요?"라는 얘기를 들을 때입니다. 과연 그런 견해를 견뎌 낼 수 있는 퍼포먼스인지 의문이 들지요.

저는 자연스러운 퍼포먼스인가, 그렇지 않은가 하는 점으로 평가받는 것보다 이것은 만들어 낸 퍼포먼스라는 식의 말을 들었을 때도 아무렇지 않게 견뎌 낼 수 있는 그런 연극을 만들고 싶습니다. 여기서 '아무렇지 않게 견뎌 낸다.'라는 것은 질적인 수준이라기보다 정직함이겠지요.

정직한 퍼포먼스라면 어떻게 보이건 충분히 견뎌 낼 수 있고, 이것이 지금 제가 퍼포먼스를 도모하는 척도입니다. 거짓을 구사하지 않는 것이 아니라 거짓을 정직하게 연기한다는 감각이지요.

구마 자연스러움이 아니라 정직함이라는 판단 기준은 우리가 설계할 때 가장 중요하게 생각하는 부분입니다.

예를 들어, 돌을 사용할 때 일반적으로는 콘크리트 위에 돌을 깔고 전체를 중후한 석판으로 보이게 합니다. 돌은 자연 소재니까 '이것은 자연스러운 건축이다.'라는 논리지요. 물론 그것이 자연스러운 건축일지는 모르지만 성실한 건축이라고는 말하기 어렵습니다. 그렇다고 모두 진짜 무거운

기로 산(亀老山) 전망대. 건축을 지우겠다는 시도(촬영: 후지쓰카 미쓰마사)

돌을 쌓는다면 엄청난 비용이 들고 석재도 부족할 것입니다. 현시대에는 돌을 얇게 잘라서 사용할 수밖에 없지요.

그런 경우, 저는 일부러 얇은 돌의 단면이 보이도록 배치합니다. 그런 디테일은 자연이 아니라는 기존의 '자연파'로부터 비판받는 경우도 있지만, 그러면 "나는 원리주의자가 아니니까 정직함을 중요하게 여기고 싶다."라고 말합니다. 자연스러움이라는 애매한 기준을 어떻게 초월할 수 있는가 하는 문제에 대해 고민할 때 정직함이 키워드가 되지요.

오카다 그렇습니다. 사실인가 거짓인가 하는 대립은 정직함이라는 관점을 도입하는 행위를 통해 뜻밖일 정도로 깨끗하게 초월할 수 있습니다. 저는 거짓을 잘 구사하는 배우에게 매우 엄격합니다. 최근에는 더욱 엄격해졌지요. 그런 식으로 잘하려는 태도는 의미가 없으니까 하지 마라, 거짓을 과장하기 위한 노력은 체력 낭비니까 하지 말라고 말합니다.

구마 일상이 연극이라는 인식과 정직함을 추구하는 자세는 결코 모순되지 않습니다. 연극이기 때문에 정직함이 있어야 하지요. 연극적 건축이기 때문에 정직한 건축이어야 하고요.

대지진에 대한 리액션

구마 체르피추의 〈3월의 5일간(三月の5日間)〉[1]은 이라크 전쟁에 대한 리액션이지요? 이번 지진에 대해서는 어떤 부분을 생각하고 있습니까? 또 다른 소설이나 연극이 탄생하는 것인가요?

오카다 저는 이번 대지진으로 아무런 피해도 입지 않았습니다. 즉 〈3월의 5일간〉과 똑같은 상황이 제게도 발생했는데, 그것을 표현하려면 〈3월의 5일간〉을 이용하면 되기 때문에 굳이 새로운 연극을 만들 생각은 없습니다.

지금 저는 픽션이 필요하다고 생각하고 있습니다. 그래서 픽션을 만들고 싶습니다.

구마 대지진에 대항할 수 있는 픽션을 의미하는 건가요?

오카다 픽션이 현실에 대항할 수 없어도 상관없다고 생각합니다. 제가 중요하게 생각하는 것은 대지진을 경험한 이 현실에 어떤 픽션을 병렬시키는 것이 우리에게 의미 있는가 하는 점입니다. 그리고 지금의 저는 의미가 있다고 믿고 있습니다.

구마 이라크 전쟁 때는 달랐지요?

오카다 네. 제가 픽션을 믿고 있는가 하는 것 자체에 전혀

〈3월의 5일간〉(촬영: 도루 요코타)

관심이 없었습니다. 〈3월의 5일간〉도 정의상으로는 확실히 픽션입니다. 하지만 그것은 제게 논픽션이 아니기 때문에 픽션이다 하는 정도의 의미밖에 없었습니다. 지금과는 픽션이라는 자각 정도가 달랐습니다.

이러한 생각을 하게 된 데에 반드시 지진이 원인이 된 것만은 아닙니다. 제가 여기에 이르기까지 퍼포먼스적인 것을 좀 더 무시해도 괜찮았을 것이라는 확신을 얻을 수 있는 경험을 했다는 점도 꽤 큰 이유지요. 또한 해외에서 공연하면서 깨달은, 어떤 콘텍스트 안에서 작품을 볼 수 있게 하는가 하는 문제는 연극을 만드는 저로서는 도저히 조작할 수 없는 것입니다. 상연하는 국가나 도시에 따라 각각 고유의 콘텍스트가 존재하는데, 그것들을 모두 파악할 수는 없거든요. 도쿄에서조차 100년 후 또는 5년 후의 미래를 가정하고 무엇인가 쓴다는 것이 불가능한 일입니다.

그렇기 때문에 오히려 어떤 콘텍스트를 가지고 있는 현실과 나란히 놓이더라도 그 현실과 나름대로 관계를 낳을 수 있는 것을 만들겠다는 생각을 하게 된 것입니다. 바꾸어 말하면 고전이 될 수 있는 것을 만들고 싶다는 지극히 평범한 바람입니다.

구마 시대를 초월해서 어떤 콘텍스트에 놓이더라도 그 현실과 나름대로 관계를 맺을 수 있다는 의미에서의 고전이군요.

오카다 고전의 정의로서 지극히 고전적인 것이지요.(웃음) 이번에 『벚나무 동산(Vishnyovy sad)』을 정말 재미있게 읽었습니다. 토지에 집착하는 인간, 즉 다양한 추억이 존재하기 때문에 그 토지에서의 생활을 버릴 수 없는 사람과 새로운 장소로 떠나 가슴 설레는 사람, 그리고 맨손으로 시작해서 그 토지를 손에 넣었다는 충실감에 가득 차 있는 사람이라는 구성이 현실과 너무 잘 맞아떨어진다는 생각이 들어서요. 체호프는 귀족 사회의 종말이라는 콘텍스트를 다룬 것이겠지만요. 물론 고전은 그런 것이지요. 제가 굳이 새로운 작품을 쓰지 않더라도 다음에는 그냥 『벚나무 동산』을 무대에 올리면 되겠다는 느낌이 들 정도였습니다.

결단을 떠맡고

구마 오카다 씨에게 이라크 전쟁은 제게 있어서 한신 대지진과 병렬 관계에 있는지도 모르겠습니다. 한신 대지진 때 저는 그곳에 어떤 그림을 그리더라도 가식적이기 때문에 싫다고 생각했습니다. 그런데 이번에는 전혀 다른 기분입니다. 쓰나미 때문에 생활 터전을 잃은 사람들이 다시 한 번 바닷가에 터전을 마련하고 살아야 하는지, 아니면 고지대로 이전해야 하는지 의견이 나뉘었지요. 안도 다다오는 모두 숲으로 만들고 고지대에 새로운 도시를 만들면 된다고 합니다. 하지만 그 도시의 그림을 안도 다다오 자신은 그리려 하지 않습니다.

저는 그곳에 쓰나미가 오더라도 사람들이 살 수 있는 집합 주택의 그림을 구체적으로 그리고 싶습니다. 구조 계산도 확실히 해야겠지요. 그 계획은 어떤 의미에서 가식이기 때문에 필요 없다는 말이 나올 수도 있고 다양한 리액션이 있을 수 있습니다. 그런 의견들에 적절히 대응하면서 지역 주민들과 하나의 픽션을 완성해 그것이 실현될 수 있다는 것을 보여 주고 싶습니다. 의뢰한 사람은 아무도 없지만, 처음에는 아무리 가식적이라는 느낌이 들더라도 다양한 장애물을 뛰어넘을 수 있다면 현실로 나타날 수 있을 것입니다. 픽션을 싫어하는 사람은 현실을 재생산할 뿐인 보수적인 사람입니다.

'잔해 박물관'을 만들고 싶다는 지역 주민들이 나타나면서 구체적인 부지가 주어져 그 그림을 그리기 시작했습니다. 실제로 잔해를 사용하면 처리장에 쌓여 있는 산더미에서 몇 가지 쓸 만한 물건들을 가져오는 것도 꽤 힘든 일이겠지만요.

오카다 한신 대지진과 이번 대지진은 어떤 차이가 있을까요? 쓰나미가 오더라도 견뎌 낼 수 있는 집을 짓고 싶다는 생각은 정말 대단합니다. 그건 현재 분위기를 전혀 읽지 못하는 사람의 아이디어 아닙니까.(웃음) 가부키자를 새롭게 개축하는 일을 맡으신 것도 대단하다고 생각했는데, 현재 분위기에서 볼 때 구마 씨는 가장 있을 수 없는 행동이라고 해야 할까, 가장 힘든 일을 떠맡으려는 것처럼 보입니다.

구마 오랫동안 세상 전체가 결정 불능 상태에 빠져 있지 않았습니까. 정치가라는 존재는 사실 꿈이 있는 픽션을 그리고 그곳을 향해 사람들을 이끌어 가는 것이 본업입니다. 하지만 그 사람들이 가장 결정 불능 상태에 빠져 있습니다. 한신 대지진 때부터 줄곧 세상은 결단에 대한 위험 요소를 회피하는 방향으로 달려왔습니다. 그런 현실을 지켜보고 있으려니 건축가가 해야 할 일은 결단이라는 생각이 들더군요. 가부키자의 개축을 떠맡은 것도 그런 이유입니다.

픽션으로 향하는 이유

오카다 저는 지금 가장 해서는 안 되는 것이 분위기를 읽으려는 행동이라고 생각하기 때문에 구마 씨가 좋은 귀감이라고 생각합니다.

구마 그런 생각을 한 것은 한 달의 절반 이상을 해외에서 보내면서 신문이나 텔레비전을 접할 기회가 적었기 때문인지도 모릅니다. 저 자신이 그런 분위기에서 벗어나 있다 보니 분위기를 읽지 않는 것이 오히려 더 낫다는 생각이 들더군요.

와이드 쇼 같은 공간은 매일 아침, 분위기를 어떻게 읽을 것인가 하는 데 초점이 맞추어지지 않습니까? 그런 분위기가 싫어서 일본에 머무르고 싶지 않습니다.

오카다 분위기를 읽지 않는다는 점에 관해 말한다면, 젊은 시절부터 세계의 동향에 강한 흥미를 느끼거나 적극적으로 세계로 나가려는 사람이 있지요. 하지만 저는 그런 타입이 아니고, 그런 일은 제가 할 수 없다고 생각했습니다. 해외 공연을 할 때도 일본에서 벗어나 일본 분위기를 읽을 수 없다는 점을 두려워했고요.

하지만 해외에서 보내는 시간이 점차 늘어나면서 조금씩, 일본 사회 분위기를 읽지 않는 편이 낫다고 생각했습니다.

'잔해박물관'(제공: 구마 겐고 건축도시설계사무소)

즉 과거에 제가 두려워했던 사태가 지금 발생하고 있는 것이지요.(웃음)

구마 어떤 장소에 있으면 자기도 모르게 분위기를 느끼게 되지요. 사람은 자신이 놓여 있는 분위기에 강한 영향을 받습니다. 하지만 분위기를 읽는 태도를 버리고 누구나 피하고 싶어 하는 결단이라는 행위를 하나하나 쌓아 가면 최종적으로 인생에서 무엇을 남길 수 있는가 하는 식으로 한신 대지진 때부터 이번 대지진이 일어날 때까지 15년 동안 진지하게 생각했고, 그 결과 마음이 크게 바뀌었습니다.

픽션과 마찬가지로 도시나 건축에서의 유토피아도 단게 겐조 이후 탈고도성장이라는 건축의 흐름 속에서 가장 부끄러운 것으로 여겨져 왔습니다. 하지만 지금이야말로 유토피아의 그림을 그려야 하는 것 아닌가, 그것을 그리는 것이 우리의 직업 아닌가 하는 생각이 들기 시작했습니다.

오카다 작품 하나를 놓고 리얼인가 아닌가, 자연스러운가 아닌가 하는 식으로 판단하려 하면 픽션은 정말 부끄러운 것으로 느껴집니다. 하지만 그렇게 생각할 필요가 없다는 사실을 분명하게 깨달았습니다. 앞으로는 작품 하나를 놓고 픽션인가 아닌가 하는 문제를 생각하기보다는 그 작품이 현실과 접했을 때 어떤 일이 발생하는가 하는 문제를 생각하면서 픽션을 만들어 가고 싶습니다.

1. 〈3월의 5일간〉 _ 미군에 의한 이라크 폭격이 시작된 2003년 3월, 우연히 만난 남녀가 시부야의 러브호텔에서 5일을 보낸다. 이 작품으로 오카다는 기시다 구니오(岸田國士) 희곡상을 수상했다.

탈공업화 사회를 달리는 철도의 모습

하라 다케시

철도 공간의 재발견

하라 오늘 아침에는 도큐 전철을 타고 오면서 구마 씨의 신작(『신마을론 도쿄(新・ムラ論 TOKYO)』)을 읽었습니다.

동일본 대지진이 발생한 후, 재난 지역의 부흥을 위해서는 신칸 선뿐 아니라 일상생활과 연결된 재래선의 복구가 필요하다고 생각해 왔는데, 구마 씨가 이 책에서 말씀하신 '마을'이라는 관점이 뜻밖에도 그 부분과 겹친다는 인상을 받았습니다.

지선 복구를 서둘러야 하는 이유의 근본에는 지역 주민들과 '외부'를 연결하는 공공적 공간이 사라져서는 안 된다는 문제가 있지요. 철도 차량은 다양한 사람들이 이용하는 열린 공간이라고 생각합니다. 정원이 적고 경로가 이해하기 어려우며 정체나 공사, 겨울의 노면 동결 등으로 정시 운행이 어려운 버스와 달리 시간표에 모든 역이 표시되어 있고 지도를 보면 어디를 달리는지 알 수 있지요. 전국의 국민, 외국에서 관광 온 관광객 등 누구나 쉽게 이용할 수 있지요. 철도가 정확한 운행표를 바탕으로 움직이고 대화를 나누지 않더라도 승객이 많기 때문에 다른 지역과 항상 접속할 수 있다는 점이 재난 지역 주민들에게 많은 용기를 줄 것입니다. 3월 이후

산리쿠(三陸) 철도를 몇 번 이용했는데 재난 지역 주민으로 보이는 고령자 승객은 어딘가 즐거워 보이는 표정이었습니다.

이처럼 공적 공간을 확보하는 매개체로서 철도를 재평가하는 것은 마을의 발견과도 연결되지 않을까 하는 생각이 듭니다.

구마 『신마을론 도쿄』에서 '마을'이라는 말을 사용한 이유는 앞으로 고유의 장소와 사람이 느긋하게 연결될 수 있는 장소가 요구될 것이라는 생각 때문입니다. 20세기는 근대화·도시화가 진행되는 한편, 지역 공동체로서의 '마을'이 해체된 시대였습니다. 21세기 초에 세계를 진동시킨 리먼브라더스 사태가 미국의 주택 버블 붕괴의 시초가 되었다는 것은 상품으로서 시장을 표류하는 근대 공간의 한계를 인식시켜 주는 상징적인 사건이었습니다. 이번 재난 역시 토지의 역사나 커뮤니티에서 분리된 주거지의 위험성을 잘 보여 주었습니다.

신작을 발표하기 위해 방문한 마을이 고엔지(高圓寺)건 시모기타자와건 무슨 이유에서인지 철도와 인연이 깊은 장소들뿐이었습니다. 그 이유를 이제 이해할 수 있을 것 같습니다. 주오 선 연선의 나카노(中野)나 아사가야(阿佐) 근처 마을의 이미지는 주오 선 차량의 느릿한 '박스'성과 강하게 연결되어 있는지도 모릅니다.

하라 지금 말씀하신 나카노, 아사가야는 모두 주오 선 쾌속과 주오 선, 소부 선(總武線) 각 역에 정차하는 차량이 병렬로 달리는 '복복선 구간'에 있는 역입니다.

도쿄-다카오(高尾)를 연결하는 주오 선 쾌속의 전체적인 모습을 살펴보면 인명 사고 때문에 불통된 적도 적지 않고 만성 혼잡으로 여유가 없는 느낌입니다. 나카노-미타카(三鷹) 구간에서는 동일한 노선를 달리는 주오 선, 소부 선이나 도자이 선(東西線) 쪽이 비어 있기 때문에 아사가야·고엔지 등 복복선 구간의 역을 이용하는 사람은 그쪽을 이용하는 경우가 많습니다. 주오 선 쾌속이 정차하지 않는 휴일에는 특히 더 그렇지요. 구마 씨가 고엔지 거리에서 느낀 느릿함은 복복선 구간이기 때문이라는 생각이 듭니다.

역사가 육성한 연선(沿線) 문화

구마 복복선이 시작된 것이 언제지요?

하라 오차노미즈(御茶水)-나카노 구간의 복복선화는 1920년대 초기에 완성되었습니다. 나카노-오기쿠보(荻窪) 구간은 1966년이고요. 1969년에는 미타카까지 연장되었지요.

구마 그렇다면 주오 선 문화라고 부를 수 있는 느릿한 서브컬처(subculture) 성격이 발휘되기 시작한 것은 1970년대 이후입니까?

하라 당시 수도권에서도 돌출되어 있던 주오 선의 혼잡률이 복복선화에 의해 상당히 완화된 것은 사실입니다. 이것으로 도시에 여유가 생겼다는 측면은 분명히 있습니다.

구마 복복선이라는 말 자체가 매력적입니다.(웃음)

도시 계획은 축선 사고에 바탕을 두고 있습니다. 19세기 조르주 오스만(Georges Eugéne Haussmann)에 의한 파리 개조 계획 때부터 이미 목적지와 목적지를 일직선으로, 가능하면 굵은 선으로 연결한다는 발상을 볼 수 있습니다. 그것이 기술주의와 함께 20세기에는 세계 각지에서 축선에 의한 도시 계획이 재생산되었지요.

그렇게 형성된 근대 도시의 분위기가 크게 바뀐 이유는,

JR 주오 선 다치카와-히노(日野) 구간의 다마가와 교량을 달리는
'오메시 열차(천황이나 황후가 이용하는 특별 열차)'(1999년, 제공: 교도통신사)

축선 옆에 복복선이라는 일종의 뒷골목 같은 존재가 등장했기 때문인지도 모릅니다. 선택의 여지가 존재하기 때문에 어딘가 다른 분위기로 갈아탈 수 있는 여운 같은 것이 생긴 것이지요.

주오 선 이외에도 복복선의 분위기가 느껴지는 곳이 또 있을까요?

하라 복복선 구간은 수도권의 JR에도 꽤 있지만 대부분 한쪽은 모든 역에 정차하고 다른 쪽은 주요 역에만 정차하는 쾌속 타입입니다. 주오 선의 나카노-미타카 구간처럼 복복선 양쪽에 반드시 역이 존재하는 경우는 보기 드물지요. 그렇기 때문에 역에 여유가 생깁니다. 주오 선과 같은 분위기를 자아내는 곳은 좀처럼 떠오르지 않는군요.

구마 씨는 『신마을론 도쿄』에서 주오 선 연선은 육군과 인연이 깊다는 점을 지적했습니다. 확실히 육군나카노학교나 육군대학교, 육군다치카와(立川)비행장 같은 육군의 주요 시설이 주오 선 연선에 많이 모여 있고, 2·26 사건(일본 고도파皇道派 청년 장교가 쿠데타를 일으킨 사건-옮긴이) 때 육군의 교육총감이었던 와타나베 조타로(渡辺錠太郎)는 오기쿠보의 자택에서 청년 장교에 의해 살해당했습니다.

그것뿐 아니라 정치가도 살고 있었습니다. 오기쿠보에는 데키가이소(荻外荘)라는 고노에 후미마로(近衛文麿)의 별장이 있었고, 쓰쓰미 야스지로(堤康次郎)[1]가 개발한 구니타치(國立)에는 전 조선총독 우가키 가즈시게(宇垣一成)의 별장이 있었습니다.

1927년에는 다카오에 다이쇼 천황(大正天皇)의 무덤인 다마노 미사사기(多摩陵)가 조성돼 오메시(お召し) 열차가 통과할 때는 연선 주변의 초등학생들이 동원되었지요. 즉 쇼와 시대에 이르러서는 주오 선 연선에서도 천황의 그림자가 짙게 드리워지는데, 다른 한편으로 아사가야에서는 소설가 이부세 마스지(井伏鱒二)가 문사들의 마을을 만들어 고바야시 다키지(小林多喜二)나 도사카 준(戸坂潤) 같은 '위험 사상'을 가진 사람들이 생활했고, 나카노에는 2·26 사건 때문에 처형당한 기타 잇키(北一輝)가 생활하는 등 은신처적인 요소도 있었습니다. 스기나미 구(杉並區)에서 전후 가장 먼저 구청장 선거가 있었을 때 무정부주의자인 니이 이타루(新居格)가 당선되었는데, 그야말로 우파에서 좌파까지 모든 것을 수용한 듯했습니다.

구마 병행해서 달리는 세이부 선과 별로 떨어져 있지도 않은데 연선의 문화에는 큰 차이가 있군요.

하라 저는 반농담으로 '주오 선은 영국형이고 세이부 선은 소련형'이라고 말합니다. 주오 선은 간토 대지진 이후 점진적으로 개발되었습니다. 세이부 선은 전후 어느 시대까지는 완전히 농촌 지대였지요. 주오 선 연선의 다치카와, 무사시노, 미타카, 고가네이(小金井)가 1950년대까지 잇따라 시로 승격한 데 비해 세이부 선 연선의 기타타마 군(北多摩郡)은 줄곧 군으로 남아 있었습니다. 1950년대 초반까지 달렸다는 유명한 '분뇨 전차'는 드넓은 농촌 지대가 펼쳐져 있는 세이부 선을 이용해 오물을 처리했다고 합니다. 하지만 지난번의 대담('단지 이후의 집합 주택')에서 말씀드렸듯이 어느 시기부터 단숨에 개발이 진행되었지요. 세이부가 직접 개발한 것이 아니라 주택 공단이 대규모 단지를 잇따라 건설한 것이지만요.

구마 그렇군요. 지리적으로는 가까워 보이지만 고슈 가도(甲州街道)에서 나카센도(中山道)를 따라 달리는 주오 선과 세이부 선은 흐르는 시간의 질이 전혀 다르군요.

하라 세이부그룹의 창업자 쓰쓰미 야스지로는 한큐(阪急) 전철의 고바야시 이치조나 도큐(東急)의 고토 게이타와 달리 처음부터 철도를 설치하려 한 사람이 아닙니다. 오히려 토지에 집착했습니다. 무사시노 철도(현, 세이부이케부쿠로 선西武池袋線) 주식을 취득해서 서서히 빼앗는 수법에 매우 뛰어났지요. 가루이자와나 하코네의 리조트 개발과 함께 교외에 대학을 유치하는 '학원 도시' 건설을 추진하려 했지만 결국 성공한 것은 구니타치뿐이었지요. 그러자 그 계획도 깨끗하게 포기해 버렸습니다.

구마 다나카 가쿠에이의 친구이면서 도큐에서 버스 사업을 인수받은 오사노 겐지(小佐野賢治)[2]와 쓰쓰미 야스지로의 사고방식은 비슷합니다. 오사노 겐지는 버스로 성공을 거둔 사업가지요.

본래 어떤 책임을 이어받아 그 장소에 머무르겠다는 의식이 있는 사람이 아니면 철도를 깔 수 없습니다. 세이부는 철도 회사지만 장소에 대한 집착이 약한 것처럼 보입니다. 그 후

이어진 프린스 호텔, 세이부 백화점, 세존의 전략을 보아도 장소에 대한 집착이 거의 느껴지지 않습니다. 애당초 세이부 백화점이 이케부쿠로에 있다는 것이 마음에 들지 않아 시작한 것 같습니다. 자신의 거주 장소가 마음에 들지 않으면 장소에 대한 집착은 생길 수 없지요.

예를 들어, 프린스호텔은 유명한 건축가 단게 겐조나 무라노 도고(村野藤吾)[3]를 브랜드로 적절하게 사용했습니다. 1980년대 이후, 건축가를 브랜드로서 상업 자본에 끌어들이는 프로세스의 선구자라고 말할 수도 있고 경제적으로도 성공했지요. 세존도 브랜드 전략이 뛰어나서 예술에도 멋지게 브랜드 아티스트를 사용해 사업과 연결시켰습니다. 그렇기 때문에 1980년대의 '브랜드 시대'를 세이부가 이끈 것은 당연한 흐름이었다고 볼 수 있습니다.

하라 그렇군요. 연선 개발에 일관적인 비전이 있던 한큐나 도큐와 비교하면 더욱 분명해지는군요.

재난당한 노선의 복구는 언제쯤 이루어지나

구마 국철도 마치 전통 예능처럼 과거에는 철도 사업에서 벗어나려 한 적이 없습니다. 하지만 지금은 루미네, 아트레라는 상업 시설이나 '역 구내 사업'에 심혈을 기울이고 있어서 재팬 레일웨이 못지않은 '재팬 리테일'이라고 불릴 정도입니다. 신용카드 기능을 가진 IC 승차권을 통해 어떤 역에서 승차한 사람이 무엇을 구입했는지 정보를 얻을 수 있기 때문에 생활 전체의 정보를 지배할 수 있지요. 다른 소매업 입장에서 보면 위협입니다. 20세기식 공업화 사회와 다른 형태로 철도의 의미가 변질되면서 사회에서의 존재 가치가 커지는 것이 정말 재미있습니다. 하라 씨는 그런 JR의 변질을 느끼십니까?

하라 민영화로 이익이 있는 곳은 철저하게 투자하지만, 이익이 없는 곳은 하나하나 손을 놓아 버리는 경향이 뚜렷해졌지요. 이것이 이번 동일본 대지진을 통해 극명하게 드러났습니다.

JR히가시니혼(東日本)은 2011년 4월, 태평양 연안의 총 7개 노선을 모두 "책임지고 복구하겠다."고 밝혔습니다. 하지만 게센누마 선(氣仙沼線)을 비롯한 이와테, 미야기 현 안의 JR 3개 노선을 도로로 만들어 BRT(bus rapid transit. 간선 급행 버스 체계-옮긴이)라고 불리는 버스를 운행하는 부흥 계획을 검토하고 있다(2011년 11월 19일 요미우리신문 석간, 2011년 12월 7일 아사히신문 석간)는 보도를 보고 큰 충격을 받았습니다. '전 노선 복구'라는 발언은 대체 무엇이었을까요? 철도 회사가 자신의 사명을 부정하는 결단을 내리려 하고 있습니다. 전 노선을 복구하려면 1,000억 엔 정도가 필요한데, 그것보다 버스 쪽의 건설 비용이 덜 들어간다는 의미겠지요.

한편 JR도카이(東海)는 자치 단체에 부담시킬 예정이었던 리니어신칸 선의 나카마 역(中間驛)을 빨리 복구하기 위해 건설 비용을 직접 준비하겠다고 결정했습니다. 나카마 역 건설 비용은 새로운 사가미하라 역(相模原新驛)처럼 지하 역인 경우 2200억 엔, 모두 5800억 엔 넘게 들어간다고 합니다.

구마 도쿄에서 나고야(名古屋)를 연결해 고도성장기를 이끌어 온 지역의 철도인 JR도카이는 지금도 꾸준히 근대라는 시대를 달리고 있는 셈이네요.

하라 분할 민영화에는 여러 가지 우여곡절이 있었겠지만 JR도카이는 달러 박스에 해당하는 도카이도 신칸 선을 손에 넣었습니다. 도카이도 신칸 선만으로 연간 1조 엔 훨씬 넘는 수익을 올리고 있지요. 그러니까 리니어 역사를 건설하는 것 정도는 큰 부담이 아닙니다. 오히려 JR도카이 입장에서는 좋은 인상을 심어 줄 수 있는 계기로 볼 수 있지요.

구마 도카이도 신칸 선의 역사에 대한 부담은 어떻게 됩니까?

하라 기본적으로 국철 쪽이 부담하지만, 이후 지역이 역을 설치해 달라고 청원한 신후지(新富士), 가케가와(掛川), 미카와안조(三河安城)는 지역이 어느 정도 부담하고 있습니다.

구마 도호쿠의 철도에는 지역 주민들이 강한 애착이 있고 저도 바닷가를 달리는 그 풍경은 일본 철도에서만 맛볼 수 있는 독특한 매력이라고 생각합니다. 바닷가 바로 옆을 달리는 노선은 어떻게 결정됐나요?

하라 도호쿠 지방은 산이 바다에 가까운 곳이 많고 조금이라도 더 내륙을 달리게 하려면 터널 공사를 하지 않을 수 없습니다. 그만큼 비용이 들어가기 때문에 그보다 바닷가의 평지를 이용해 선로를 깔기로 결정한 것이지요. 1970년대 이후 만들어진 비교적 새로운 노선은 쓰나미 피해를 가정하고 바닷가를 달리더라도 터널을 만드는 경우가 많았습니다. 1972년의 호쿠리쿠(北陸) 터널 화재 사고나 2011년의 JR세키쇼선(石勝線)의 특급 '슈퍼오조라'의 탈선, 화재 사고를 생각하면 터널이 절대로 안전하다고 말할 수는 없겠지만요.

구마 신칸 선은 어떤 의미에서 '터널 문화'에 속한다고 생각합니다. 저는 긴 터널을 통과할 때마다 다나카 가쿠에이를 떠올립니다.(웃음) 터널 건설은 물이 얼마나 나올지, 바위가 얼마나 나올지 모르는 리스크가 따르는 불투명한 공사지요. 그 리스크만큼 건설 단가도 보통보다 높게 설정되고 리스크에 대한 보상 체제도 완벽하게 갖추어져 있기 때문에 극단적으로 표현하면 건설 회사는 반드시 돈을 벌게 되어 있습니다. 그런 의미에서 신칸 선은 종합 건설에 돈을 벌어 주기 위한 장치로서 기능을 했다고 볼 수 있습니다. 도호쿠의 바닷가를 달리는 전철은 다나카 가쿠에이 식의 터널 문화와 인연이 없기 때문에 타고 있으면 기분이 좋아집니다.

하라 하지만 차창 밖의 풍경이 매력적인 것은 JR히가시니혼인 경우(아오모리青森와 아키타秋田를 연결하는) 고노 선(五能線)의 관광 열차 '리조트 시라카미' 정도입니다. 그런 시도는 서일본 쪽이 더 진행되어 구레 선(呉線)이나 산인(山陰) 본선, 기스키 선(木次線)에 관광 열차가 달리고, JR규슈는 최첨단을 달리고 있다고 할 수 있습니다. 오랜 기간 동안 적자 노선이었던 히사쓰 선(肥薩線)은 낡은 터널이나 스위치백(switchback. 열차가 급경사를 오르내릴 때 앞뒤의 방향을 바꾸면서 지그재그로 진행하는 것, 또는 그 선로-옮긴이), 루프 선(loop선. 경사가 심한 곳에서 경사를 완만히 하려고 고리 모양으로 부설한 선로. 같은 지점을 고도를 달리해 통과시켜 차차 높은 곳으로 올라가게 한다-옮긴이)을 관광 유산으로 활용해 명소를 설명하기 위해 20분 정도 정차하거나 경치를 즐길

위: '이사부로·신페이' 차량
중간: '하야토노가제'
아래: 난코쿠(南國)의 리조트 특급 '우미사치야마사치(海幸山幸)' 차내(제공: 모두 JR규슈)

수 있도록 속도를 떨어뜨리는 등 연구를 기울인 결과 연일 만원을 이루고 있습니다. 차량도 '이사부로(いさぶろう)' '신페이(しんぺい)'에 특급 '하야토노가제(はやとの風)'라는 식으로 미토오카 에이지(水戸岡鋭治)[4] 씨가 히사쓰의 특성에 맞춰 디자인한 차량이 달리고 있습니다.

구마 지금까지의 철도 차량은 제품 디자인에서 전혀 벗어나지 못했습니다. 즉 20세기식 공업 제품으로서 상품을 얼마나 효율적으로, 게다가 아름답게 만들 것인가 하는 발상에 머무르기 쉬웠지요. 아름다움도 공업 사회식 '굿 디자인'에 머물렀습니다. 미토오카 에이지는 일러스트레이터 출신이라는 점 때문인지 생산자나 사업자의 관점이 아니라 그것이 어떻게 받아들여지는가 하는 수요자 입장에서 생각했지요. 제가 보기에 '이 정도까지 해도 될까?' 하는 느낌이 들 정도로 디자인이 신선합니다. 화장실 앞에 주렴을 늘어뜨린 경우도 있는데, 올라타 보면 정말 즐겁습니다.

하라 네, 재미있지요.

구마 미토오카 에이지를 디자인 고문으로 두고 있는 JR규슈 역시 대단합니다. 표면적으로는 촌스러운 분위기를 풍기지만 어떤 의미에서는 탈공업화 세계를 노려보는 철도 회사라는 느낌이 듭니다.

하라 네, 신칸 선과 재래선을 적절하게 공존하게 해야 한다고 생각합니다. JR규슈는 철도 객차 내에서 보내는 시간이 중요하다는 인식을 가지고 있는 것 같습니다. JR도카이나 JR히가시니혼은 아직도 차내에서 보내는 시간이 지루하니까 짧으면 짧을수록 좋다는 관념에 사로잡혀 목적지에 1분이라도 빨리 도착하는 것이 가장 큰 서비스라는 사고방식에서 벗어나지 못하고 있지요.

구마 JR규슈의 예는 '1초라도 빨리'를 요구하던 시대가 변하고 있음을 잘 보여 줍니다. 그런 의미에서 다른 철도 회사는 고객들의 진정한 욕구에 반하고 있는 것이지요.

일본 전체가 맨션과 버스로 이루어진 거리로

구마 해외 철도 회사에서 철도 본래의 여유를 갖춘 철도를 재발견한 사례가 있습니까?

하라 오히려 외국은 속도보다 철도의 다양한 가능성에 주목하는 것처럼 보입니다. 예를 들어, 프랑스의 어떤 지방에서는 노면 전차가 한창 만들어지고 있습니다. 일본에서 라이트레일(LRT. 차세대 노면 전차-옮긴이)이 새롭게 건설된 것은 도야마(富山)뿐이고, 도야마의 뒤를 이으려는 움직임은 아직 보이지 않습니다.

구마 도야마의 노면 전차는 도심을 달리는 선로를 고리 모양으로 만들면서 갑자기 가치가 높아졌지요. 승차해 보면 거리 풍경이 달라 보입니다. 저도 도야마에서 차량 래핑(lapping)을 디자인한 적이 있는데, 큰 기대를 하지 않았던 제안이 무리 없이 통과해서 깜짝 놀랐습니다.

하라 지난번에 제가 소장으로 있는 메이지가쿠인대학 국제학부부속연구소의 공개 세미나에 작가 미야베 미유키(宮部みゆき)가 참석했습니다. 미야베 미유키는 도쿄 후카가와(深川) 출생이어서 도쿄 동쪽 지역에 애착이 있는데, 그 애착은 도덴(都電. 도쿄 도에서 경영하는 노면 전차-옮긴이)의 기억과

연결되어 있다고 하더군요. 1960년생인 미야베 미유키가 초등학교를 졸업할 무렵, 도덴은 아라카와 선(荒川線)을 제외하고 모두 폐선되었습니다. 그때까지는 니혼바시(日本橋)의 다카시마야(高島屋)에 쇼핑을 갈 때도 반드시 도덴을 이용했다더군요. 좀 더 나이 들면 노면 전차가 있는 지역에서 살고 싶다는 말도 덧붙였습니다.

같은 세미나에 초대한 가수 야시로 아키(八代亜紀)도 한창 인기 높아 전국을 돌아다닐 무렵 야행 열차로 이동했던 기억이 지금도 선명하게 남아 있다더군요. 야시로 아키도 지금은 왜 신칸 선으로만 이동해야 하는지 이해할 수 없다고 말했습니다. 신칸 선도 좋지만 재래선인 야행 열차도 달릴 수 있도록 하면 좋겠다, 즉 선택의 여지가 있으면 좋겠다고 말하더군요. 말은 하지 않지만 잠재적으로 현재 철도 운영 방식에 불만을 가진 사람이 꽤 많지 않겠습니까?

구마 야행 열차를 타본 적 없는 아이들도 동경을 합니다. 사람은 묘해서 요즘 아이들은 경험에서 오는 향수가 아니라 그 자체가 갖추고 있는 재미, 즉 그 자체가 본질적으로 갖추고 있는 공업화 사회에 대한 비판성 같은 것을 잘 알고 있습니다. 철도 회사는 철도가 단순한 유통이 아니라, 철도야말로 국토 보전을 위한 시스템이며 커뮤니티를 유지하기 위해 빼놓을 수 없는 매체라는 사실을 자각하고 신칸 선으로 올린 수익을 그쪽으로 돌려야 할 것입니다.

하라 그런데 현실적으로 신칸 선도 속도가 느리니까 시나가와(品川)-나고야 구간에 40분간 터널 구간만 달리는 직선 선로를 건설하겠다고 말하고 있지요. 그것이 우리의 욕구와 정말 맞아떨어지는지 의문입니다.

구마 속도로 승부를 걸면 일본은 중국이나 한국을 따라갈 수 없습니다. 오히려 느릿한 여유로 승부를 걸어야지요. 고도성장 시대의 환상을 버리지 못하고 계속 가속한다면 과거 이상으로 다양한 왜곡 현상이 나타나지 않을 수 없습니다. 우리 같은 건축가나 도시 디자이너는 도시뿐 아니라 철도나 교통 기관을 포함한 계획에 확실하게 발언해야 합니다. 건축 전문가는 건물, 토목 전문가는 철도라는 식으로 분업화되어 있으면 여유가 가치를 보이는 현시대에는 적절하게 대응할 수 없습니다.

하라 맞는 말씀입니다. 철도 복구를 밝힌 JR히가시니혼이 너무 간단히 BRT로의 전환을 검토하고 있다는 데에 대해 이해할 수 없는 행동은 물론 그것을 예리하게 비판하거나 다른 의견을 당당하게 싣지 못하는 매스컴의 자세에도 의문이 느껴집니다.

철도를 버스로 전환하면 어떻게 되는지에 대한 좋은 예는 홋카이도(北海道)입니다. 홋카이도에서는 30년 동안

1,500킬로미터 이상의 철도를 없앤 결과, 삿포로(札幌) 한 곳으로 집중되는 현상이 발생했습니다. 홋카이도 인구의 3분의 1이 삿포로 시에 살고 있다는, 매우 왜곡된 인구 구성을 이룬 것이지요.

구마 그렇군요. 홋카이도의 철도가 폐선이 된 것은 국철 시대부터지요?

하라 국철 말기부터 시작해 JR로 사업이 계승된 이후에도 계속 이어졌지요. 지금은 간선밖에 남아 있지 않습니다. 예를 들어, 오호츠크 해 연안의 몬베쓰(紋別)는 철도가 없는 마을이 되어 버려 이동하려면 비행기나 자동차를 이용해야 합니다. 비행기도 2011년 10월부터 2012년 1월에 걸쳐 도쿄와 몬베쓰를 연결하는 항공편이 휴항하게 되었습니다. 인구가 집중해 있는 삿포로 근교에만 철도가 발달돼 있는 형식이어서, 규슈와 전혀 다르지요.

구마 버스와 자동차가 만드는 도시의 풍경은 어디나 마찬가지입니다. 미국의 도시에서 느끼는 적막감이라고 표현해야 할까요. 그런 생기가 없는 풍경뿐이지요.

하라 홋카이도에는 전쟁 전까지 각지에 군사 시설이 설치되어 있었습니다. 예를 들어, 아사히카와(旭川)에는 사단과 연대가 있어서 군대에 의해 일정한 인구가 확보되었지요. 시내에서는 아사히카와 전기 궤도나 아사히카와 시가 궤도가 사철 전차나 노면 전차를 운영했습니다. 아마 지금보다 훨씬 편리했을 것입니다. 군대가 안겨 준 은혜라고 말할 수 있겠지요. 저는 전국에 사단이나 연대를 균등하게 배치한 군대에는 학교와 마찬가지로 한 곳에 집중하는 현상을 막고 지방을 번영시키는 장치로서의 측면이 있었다고 생각합니다. 확실히 지금도 홋카이도에서는 군대가 있었던 곳에 자위대가 주둔지를 구축하고 있지만 군대와 자위대는 전혀 사정이 다릅니다. 중앙 집권이 가장 강했다고 일컬어지는 메이지 시대부터 쇼와 시대 초기가 지방이 쇠퇴하지 않도록 훨씬 더 많은 장치를 갖추고 있었던 것 같습니다.

구마 재미있습니다. 원래 도시와 군대는 로마 시대부터 일체적 존재였습니다. 인간이 어느 정도 모여서 생활하려면 규율이 필요하고, 도시를 건설하더라도 군대 같은 규율이 필요했습니다. 나폴레옹도 도시 계획은 군사 전략과 일체화했지요.

하지만 군대가 사라지고 모든 것이 자본의 논리에 맡겨지면 도시는 어떻게 될까요. 인간이 모여서 생활하는 장소를 자본 논리만으로 만들어 버리면 결국 버스와 맨션으로 이루어진 도시가 될 수밖에 없습니다. 맨션이야말로 전후 일본의 도시를 열악하게 만든 가장 으뜸가는 존재입니다. 난간에서 창틀까지 가장 싼 부품을 사용하고, 외벽에 얇은 타일을 붙이고, 작은 로비에 대리석 몇 장 깔아 인스턴트로 고급스러운 느낌을 연출했지요. 높이 3미터 전후의 낮은 공간에 사람을 채워 넣고 밀도가 높아 당연히 신경을 써야 하는 방음성을 확보하는 기술만은 세계 최고를 자랑하지만 이것은 결국 맨션이라는 상자가 가지고 있는 패키지 상품에 지나지 않을 뿐입니다. 싸구려를 비싼 가격에 판매하는 빈천한 풍경이 도시에 끼치는 악영향은 너무나 큽니다.

홋카이도뿐 아니라 지금 도쿄의 도시 풍경은 기본적으로 맨션의 풍경이 되어 버렸고, 그것은 버스에서 받는 인상과 가깝습니다. 재난 피해를 당한 지역에서도 쓰나미에 강한 것은 콘크리트 맨션이라고 생각해 현재 진행되고 있는 부흥 계획을 그대로 추진하면 도쿄와 똑같은 맨션이 도호쿠의 해안선을 뒤덮어 버릴 것입니다. 철도를 도로로 바꾸고 고지대 맨션 주변을 버스가 달리는 경치를 갖추는 도호쿠의 풍경은 아무리 생각해도 두려움이 느껴집니다.

하라 하지만 철도의 '버스화'가 아무런 비판 없이 보도되는 지금의 분위기에서는 철도에 얽매는 쪽이 완고한 원리주의로 비칠지도 모르지요.

철도가 연결하는 안도감

하라 이와테 현의 연안부를 달리는 제3섹터의 산리쿠 철도는 지진이 발생한 지 5일 후 기타리아스 선(北リアス線)의 구지(久慈)-리쿠추노다(陸中野田) 구간을 복구했습니다. 사장이 전 노선의 복구를 약속했다는 점에서는 JR 히가시니혼과 마찬가지지만 그 후가 다르지요. 2011년 4월에는 불통이었던 기타리아스 선의 리쿠추노다-다노하타(田野畑) 구간이 개통되는 등 2014년까지 전 노선을 복구한다는 목표를 착실히 추진하고 있습니다. 제3차 보정 예산이 나오면 생각해 보겠다는 태도가 아니라 즉각적으로 움직인 것입니다.

다만 산리쿠 철도가 JR히가시니혼에 기점과 종점을 내준 것이 아쉽습니다. 즉 아무리 독자적으로 노력해도 그곳에 접속해 있는 JR이 복구에 나서지 않는 한, 승객의 대폭적인 증가는 바라기 어렵습니다. 사실은 지역 전체의 교통을 생각해야 합니다. 산리쿠 철도와 JR히가시니혼은 서로 연결되어 있고 그 접속이 보장되어야 비로소 산리쿠 연안의 교통망이 복구될 수 있습니다.

구마 단기적인 자본 이론으로는 당연히 버스를 선택하겠지요. 국가에 대한 장기적인 비전이 결여되어 있기 때문에

지진 직후의 산리쿠 철도 미나미리아스 선(제공: 산리쿠 철도)

즉각적인 수익성이 높은 선택을 하는 것입니다. 하지만 다나카 가쿠에이조차 나름대로 장기적인 구상을 이야기하지 않았습니까. 간토 대지진 이후의 부흥에서 철도는 어떤 위치에 놓였습니까?

하라 당시, 철도는 주요 수송 수단이었기 때문에 지금과 비교도 할 수 없을 정도로 복구가 빨랐습니다. 간토 대지진 때는 약 두 달 만에 거의 복구되었습니다.

구마 믿을 수 없을 정도로 빨리 진행됐군요.

하라 소부 본선의 가메이도(龜戶)-이나게(稲毛) 구간은 지진 당일 오후에 복구되어 밤에는 열차를 운행했습니다. 큰 화재가 발생한 혼조(本所)의 피복창(被服廠) 유적에서도 집을 잃은 이재민들을 지바로 이송했지요.

구마 철도가 복구됨으로써 인간에게 끼치는 정신적인 영향은 상당히 클 것입니다. 저도 재난 지역의 철도가 사라진 장소를 돌아다녀 봤는데 그곳에 선로가 없다는 상실감이 매우 클 것 같았습니다.

하라 네, 요시무라 아키라(吉村昭)는 1945년 4월 13일 공습 다음 날, 사람들이 사라진 닛포리 역(日暮里驛) 플랫폼으로 야마노테 선(山手線) 차량이 들어오는 모습을 보고 "불가사의한 물체를 보았다."라고 표현했습니다. 비일상적인 광경 속에 당연한 듯 야마노테 선이 들어와 발차하는 것만으로도 정신적으로 상당한 안정을 느낄 수 있지요. 미야와키 슌조(宮脇俊三)는 8월 15일 정오, 요네사카 선(米坂線)의 이마이즈미 역(今泉驛)에서 천황의 항복 방송을 들었습니다. 그런 상황인데도 열차가 진입한다는 안내 방송이 흘러나왔습니다. 미야와키 슌조는 이렇게 표현했습니다. "이런 상황에서도 기차는 달리는가. 나는 믿을 수 없었다."

철도 역사가인 하라다 가쓰마사(原田勝正)는 1945년 8월 16일 호쿠리쿠 본선 쓰루가 역(敦賀驛)의 '열차 운행표'를 보면 운행을 쉬는 여객 열차는 하나도 없고 화물 열차도 임시나 부정기편을 제외하고 70퍼센트 정도 운행되었다고 말했습니다. 놀라운 일이 아닐 수 없습니다.

구마 이 나라의 거리감이나 크기가 철도 시스템에 적당한 규모였기 때문인지도 모르지요. 일본인과 철도가 예로부터 궁합이 잘 맞았다는 인상이 듭니다.

하라 철도 자체의 시작은 1872년으로 역사가 긴 것은 아닙니다. 하지만 에도 시대에는 참근교대(參勤交代. 에도 막부가 다이묘들을 일정 기간 동안 에도에 머무르게 한 제도-옮긴이)라는 것이 있어서 다이묘(大名. 에도 막부 시대 1만 석 이상의 독립된 영지를 소유한 영주-옮긴이)들이 영지와 에도 사이를 정기적으로 왕복했습니다. 슈쿠바마치(宿場町)의 주민들은 다이묘를 맞이하기 위해 개를 묶어 놓는다거나 거리에 소금을 뿌리는 등 여러 가지 준비가 필요했습니다. 그런 의식이 철도 시스템 형성에도 영향을 끼친 듯합니다.

구마 유럽 사회에서는 상류 계급의 귀족이나 종교가는 의식을 중시했지만 농민층은 그와 동떨어진 생활을 유지했기 때문에 단절이 있었습니다. 저는 파리에도 아틀리에가 있는데 유럽의

차량 반입 작업(제공: 산리쿠 철도)

설계 사무실은 사무실 안에서조차 건축가와 제도공이 간절돼 있어 일본 같은 일체감이 없습니다. 일본인은 의식성(儀式性)이 수직으로 관통해 모든 사람에게 침투하는 부분이 있지요.

하라 에도 시대에는 조선통신사가 모두 열두 차례 에도에 왔습니다. 통신사의 일기를 보면 현재의 서울에서 부산까지 이르는 길가에는 어디를 가느냐고 묻는 사람도 있고 길이 막히기도 해서 좀처럼 순조롭게 진행할 수 없었다더군요. 하지만 쓰시마(對馬), 이키(壱岐)를 거쳐 현재의 시모노세키(下關)에서 세토나이카이(瀨戶內海)를 지나면 길을 막는 사람도 없고 구경꾼은 조용히 정렬해 있었다더군요. 통신사들이 신기하게 생각할 정도로 규율을 지키는 의식이 사람들에게 침투해 있었다는 의미지요.

구마 수직으로 관통된 것이 일본 문화에서 사라졌을 때, 어떤 일이 발생할지 정말 걱정입니다.

하라 그것이 3월 11일 대지진으로 열차가 모두 멈추고 수도권에서 500만 명 이상이 '돌아갈 집이 없는 이재민'이 되었을 때의 패닉과 연결되었다고 생각합니다.

구마 의식성이 높은 엄격한 사회지만 한편으로는 에도 시대부터 그것을 크게 일탈한 대중의 오락 문화가 존재했던 것이지요. 주오 선 문화로 돌아가면 주오 선이라는 하나의 축선, 이른바 규율 바로 옆에 다양한 요소가 뒤섞인 서브컬처의 혼돈이 공존하고 있습니다. 규율과 일탈을 균형 있게 공존시킬 수 있는 시스템이 없으면 앞으로 일본의 매력은 유지할 수 없다고 생각합니다. 그렇기 때문에 역시 철도가 중요하지요.(웃음)

1. 쓰쓰미 야스지로(堤康次郎. 1889~1964) _ 사업가, 정치가. 시가 현 출생. 1920년 하코네 토치(箱根土地. 후에 국토 계획-고쿠도)를 설립해 가루이자와나 하코네, 도쿄 근교에서 대규모 개발을 시작했고, 세이부 철도 사장 등을 역임했다. 1924년, 중의원 의원으로 첫 당선된 후 1953년 중의원 의장을 지냈다.

2. 오사노 겐지(小佐野賢治. 1917~1986) _ 사업가. 야마나시 현 출생. 1947년 국제흥업 설립. 1976년 발각된 록히드 사건에서 위증죄 혐의로 1심과 2심에서 모두 유죄를 선고받고 상고가 진행되던 중 급사했다.

3. 무라노 도고(村野藤吾. 1891~1984) _ 건축가. 사가 현(佐賀縣) 출생. 주요 작품으로 〈세계평화기념성당〉 〈미야코(都)호텔(현, 웨스틴미야코호텔 교토) 별관〉 〈일본생명 히비야(日比谷)빌딩(닛세이日生극장)〉 등이 있다.

4. 미토오카 에이지(水戸岡鋭治. 1947~) _ 디자이너, 일러스트레이터. 오카야마 현(岡山縣) 출생. 1972년 돈디자인연구소를 설립했다.

사람, 건축, 환경이 빚어내는 도시 풍경

안상수, 임태희

한국의 그래픽 디자이너 안상수, 공간 디자이너 임태희와의 대담

서울의 세련된 도시 이미지

안상수 지금까지 서울에 몇 번 정도 오셨나요?

구마 셀 수 없을 만큼 많이 온 것 같은데요……. 몇십 번은 될 것 같습니다.

안상수 서울에 대한 이야기로 시작하고 싶은데, 서울에 처음 오셨을 때 인상은 어떠셨나요?

구마 제가 서울에 처음 온 것은 1980년대니까, 30년 정도 흘렀네요. 생각해 보니, 도쿄는 지난 30년간 그리 큰 변화가 없었던 데 반해, 서울은 굉장히 많이 변한 것 같습니다.

처음 왔을 때 서울 뒷골목 풍경이 활기찬 분위기였다면, 30년이 지난 지금 서울의 풍경은 세련된 도시 이미지가 느껴집니다. 세련됨을 추구하는 도시라는 점에서 도쿄나 베이징과 비교해도 가장 세련된 도시로 손꼽히지 않을까요? 패션도 그렇고, 문화도 그렇고. 다른 아시아의 도시와 비교해도 가장 세련된 도시가 아닐까 합니다.

안상수 서울이 세련된 도시로 보인다고 하셨는데, 구체적으로 예를 들어 주신다면요?

구마 여성들의 구두 높이가 다른 도시에 비해 높다는 점을 예로 들 수 있지 않을까요? 굽이 높은 구두를 신고 거리를 활보하는 여성의 비율을 생각해 보면 서울이 으뜸 아닐까 합니다.

임태희 다시 말하자면, 여성의 다리가 가장 길어 보이는 도시라는 말로도 설명이 가능하지 않을까요?(웃음) 저도 도시에서 생활하는 여성으로서 깊이 공감하는 이야기입니다. 일본에서 유학하면서 놀랐던 것은 높은 굽을 신는 사람이 서울에서보다 현저히 적다는 사실이었습니다. 생각해 보면, 한국에서는 미인의 기준으로 신장을 중요하게 삼는 것 같아요.

안상수 그렇다면 일본에서는 미인의 기준이 무엇인가요?

구마 일본에서는 '귀여운 여자'가 인기 있고, 유머가 있느냐 없느냐가 인기 있는 남자의 기준이 되는 것 같아요. 그런데 영화나 드라마를 보면 한국에서는 '마초'라고 해야 할까, 강한 남자가 멋진 남자로 묘사되는 것 같습니다.

안상수 언젠가 인터넷에서 보았는데, 학생들을 대상으로 한 설문 조사에서 수능이 끝난 뒤 가장 하고 싶은 게 무엇이냐는 질문에 성형 수술이라고 답한 사람이 가장 많았다고 하더군요. 무척 놀랐습니다. 저도 한국 여성의 아름다움에는 동의합니다만, 성형에 대한 관심이 이렇게 클 줄은 몰랐습니다. 물론 일반적인 설문 조사가 아니라 토크쇼 자리에서 몇 가지 예를 주고 선택하게 한 상황이긴 하지만,

이 이야기가 지금 서울의 한 모습을 상징적으로 표현했다고 생각합니다. 여성의 외모를 기준으로 서울을 세련된 도시로 표현하신 것은 흥미롭습니다. 하지만 그동안 서울이 '외모'인 파사드(facade)에만 주목한 것은 아닌가 하는 생각에, 한편으로는 걱정스러운 생각이 들 때가 있습니다.

구마 제 생각에는 그렇지만은 않은 것 같습니다.

임태희 2002년 즈음 일본 어떤 프로그램에서 재미있는 설문 조사를 한 적이 있어요. 도쿄와 서울, 타이베이의 도심 한복판에서 지나가는 여성에게 '당신의 신체 사이즈가 어떻게 됩니까?' 하고 물어본 뒤, 실제로 신체 사이즈를 재는 프로그램이었어요. 재미있는 것은, 도쿄에서는 가슴은 실제 사이즈보다 크게 히프 사이즈는 실제보다 작게 이야기하고, 타이베이에서는 가슴과 히프 사이즈를 실제보다 크게 이야기하고, 서울의 경우에는 가슴은 실제 사이즈보다 작게 히프는 실제보다 크게 이야기한다는 사실이었어요. 가슴 사이즈를 실제보다 작게 이야기하는 것에 다들 놀라는 표정을 지었던 기억이 납니다. 10년 전에는 여성성만 강조하는 것이 자랑이 아니라고 생각하던 정서였지만, 지금은 여성성이 대중적인 코드가 되었다는 점에서 사회 가치관의 변화가 있었지 않나 하는 생각이 드네요. 2002년 당시만 해도

'섹시하다.'라는 표현은 '점잖지 않다.' 또는 '다소곳하지 않다.'라는 의식이 강해서 자랑스러운 표현이 아니라고 생각했지만, 지금은 '예쁘다.'라는 말 이상의 의미로 여성이 가질 수 있는 최고의 매력이라고 생각하는 것 같아요. 이렇듯 도시 여성의 미학은 변화를 가져온 것임에 틀림없는 것 같아요.

구마 저도 공감하는 바가 큽니다. 서울은 그간 정말 큰 변화가 있었고, 어쩌면 유교 사회에 대한 이탈이 있었던 것은 아닌가 생각됩니다.

네 번의 큰 변화를 거친 서울

안상수 건축가로서 서울에서 받았던 인상에는 어떤 것이 있을까요?

구마 가장 먼저 이야기하고 싶은 것은 도시의 구조에서 자연적인 축과 그리드의 축이 겹쳐지는 것입니다. 도쿄의 경우에는 자연적인 축만 있고, 베이징의 경우에는 그리드의 축만 있는데, 서울은 이 두 가지가 양립하고 있다는 점이 특징인 것 같아요. 강북과 강남이 한강을 접점으로 다르게 펼쳐지고 있다는 점도 무척 흥미롭습니다. 이것은 전 세계를 보아도 서울만이 가진 매력이라고 생각하는데, 이러한 장점을 앞으로 더 잘 살려 나가는 것이 좋지 않을까 합니다.

그리드라고 하는 억압하는 것과 자연적인 것의 반발하는 긴장감이 있는 것 같아요. 상반된 두 가지가 의식하고 긴장하고, 이 긴장감으로부터 도망가고 싶을 때 도망칠 수 있는 서울의 도시 구조가 저는 정말 좋습니다.

예를 들어, 도쿄는 억압하는 것이 없기 때문에 도시가 가지는 긴장감이 조금 없는 것 같아요. 중국에는 도시와 도시 이외의 것, 다시 말하면 농촌이라고 하는 대립과 공존은 있는 것 같습니다. 베이징의 경우에는 도시만 존재하고 베이징을 벗어나면 농촌이라고 하는 대립과 공존하고 있는 거지요. 도시 안에서 같이 공존하지는 않지요. 그렇지만 서울은 도시 안에 이 두 가지가 공존한다는 점에서 무척 흥미롭습니다. 도시 안에 농촌 같은 곳이 존재한다든지 하는 것들 말입니다. 이러한 장점을 잘 살려 가야 하지 않을까 생각합니다.

안상수 그 둘을 큰길과 골목으로 바꿔 말할 수 있지 않을까 합니다. 골목이 자꾸만 없어지는 것이 서울의 문제입니다.

구마 그렇습니다. 그렇지만 길에 있어서 크기나 폭의 문제가 아니라, 그리드와 자연적인 구조라고 하는 점과 그 도시 구조라고 하는 측면과 생활이라고 하는 측면에서 생각해 볼 필요가 있다고 생각합니다.

안상수 사람들의 행동도 공간과 환경의 영향을 받습니다. 예를 들어, 큰길을 걸을 때는 빨리 걷고 좁은 길을 걸을 때는 어슬렁거리는 것처럼 말이지요.

구마 한국 사람의 경우에는, 넓은 길을 걷는 사람은 늘 넓은 길만 걷고, 좁은 길을 걷는 사람은 늘 좁은 길만 걷는지 궁금하네요.

안상수 서울 종로에는 '피맛길'이라고 하는 길이 있습니다. '피맛길'은 '말을 피하다.'라는 뜻의 한자어인 '피마(避馬)'에 '길'이 붙은 말입니다. 높은 사람이 말을 타고 큰길을 지날 때,

평민들은 그 이면의 좁은 길로 다녔다고 합니다.

구마 한국은 말이라고 하는 것, 다시 말하면 '말'을 이용하는 교통 문화가 도시를 구성하는 중요한 요소가 되는 것 같아요. 일본의 경우에는 완벽하게 인간의 관점에서의 도시이고요.

임태희 전국 시대 말을 이용한 전쟁 등의 영향으로 에도 시대에는 말이 제외되는 도시 문화를 이루게 되지요. 신분과 상관없이 말을 타고 이동하는 것이 불가능해지기 때문에, 신분이 높은 사람도 가마 등을 이용하게 되지요. 다시 말하면, 인간의 스피드로 도시가 형성됩니다. 도쿄는 이렇게 300년간 지속되었기 때문에 인간이 걷는다라고 하는 스피드가 반영된 장소라고 생각합니다.

안상수 한국에서 말은 권력과 상관있습니다. 피맛길은 속도보다는 권력이나 신분의 관점에서 생긴 도시 문화인 것 같습니다.

구마 한국은 권력이나 신분으로 인해 통행 방법이나 스피드가 달라지고, 일본의 경우에는 권력이나 신분은 달라도 인간이 걷는다고 하는 스피드로 형성된 도시인 것 같아요.

안상수 모든 일에 음양이 공존하듯 피맛길도 도시 차원의 양지와 음지라고 하는 관점에서 이해할 수 있을 것 같아요.

구마 도쿄는 이러한 배경으로, 대체로 좁은 길들로 이르어져 있습니다. 도쿄에 넓은 길이 도입되기 시작한 것은 도쿄올림픽부터인 것 같습니다. 일본인의 특징 중에서 재미있게도 밖에서의 쇼크가 없으면 변화하지 않는 습성이 있는 것 같아요. 올림픽이라고 하는 밖으로부터의 쇼크는 도시의 구조를 크게 변화시키는 계기가 되었죠.

안상수 서울은 지금까지 변화가 네 번 있었습니다. 서울이 도읍으로 정해진 지 500여 년 만에 한일 합방이 일어나 일본인들이 서울을 바꾸지요. 이것이 첫 번째 변화입니다. 기차와 전차가 들어오고 서울역, 시청, 중앙청, 일본인 주거지 등이 중요해지면서 서울의 축이 바뀝니다. 이때 조선의 전통적 도시 구조에서 이탈하게 되지요. 그다음은 1950년에 일어난 한국 전쟁으로, 이때 서울의 도심 대부분이 파괴됩니다. 세 번째는 1960년대부터 1970년대 사이에 북한과의 경쟁에 따른 변화라고 할 수 있습니다. 1960년대까지만 하더라도 경제력은 남한보다 북한이 우위에 있었습니다. 그래서 북한에 큰 건물이나 광장이 있으면 남한에도 비슷한 규모의 건축물을 지었습니다. 그런 경쟁 관계 속에서 변화가 있었던 것 같아요. 세종문화회관이나 여의도 광장이 그 예지요. 그다음 네 번째가 서울 올림픽입니다. 이는 아마 도쿄와 마찬가지일 것입니다. 최근 또 하나의 변화가 있다면, 서울이 잃어버린 것을 어떻게 하면 회복할 것인지에 대해 고민하기 시작했다는 점입니다. 아파트에 대해서도 다른 눈으로 보기 시작한 것을 포함해서 말입니다.

구마 아파트 문화가 생성된 것은 언제부터인가요?

안상수 아파트는 1970년대부터 짓기 시작했지만 성행한 것은 1980년대 후반에서 2000년대 초반에 이르기까지입니다. 이때 개발 붐이 일었습니다. 부동산 투기와 과잉 개발로 서울 여기저기에 생긴 '아파트 숲'이 서울의 경관을 해쳤지요.

구마 도쿄에도 똑같은 현상이 있었는데, 서울의 아파트에 대해 여쭈어 보고 싶은 것이 있습니다. 서울을 망치게 하는 아파트가 디벨로퍼의 개입으로 인한 것인지, 분양이나 임대 때문인지 구체적인 이야기를 듣고 싶은데요.

안상수 여러 측면이 있어요. 정책의 실패도 있었고, 시민들이 성장과 투기에 세뇌된 점도 있었지요. 아파트가 사람 사는 집이 아닌 돈을 버는 재테크 수단이라고 생각하게 되었습니다. 또 아파트는 '서구화된 삶'의 표상이라는 우리네 콤플렉스도 작용했던 것 같아요.

구마 돈을 버는 것은 디벨로퍼인지, 아파트를 소유하는 사람도 이익이 컸는지 궁금하네요.

임태희 디벨로퍼도 물론이지만, 소유하는 사람에게도 아파트는 환금성이 좋은 대상이었기 때문에 양쪽 다 이익이 있었다고 생각합니다.

구마 도쿄도 비슷합니다. 그렇지만 저는 도쿄의 경우가 더 심각한 문제를 안고 있다고 생각합니다. 도쿄는 서울과 달리 마을과 같은 도시 스케일과 구조 안에 아파트라고 하는 큰 스케일이 들어섰습니다. 예를 들면, 작은 마을에 큰 아파트가 갑자기 들어서는 풍경이 펼쳐진 거죠. 이러한 점에서 도쿄에서 아파트는 도시의 풍경을 크게 망치는 등 도시에 악영향을 끼쳤지요.

안상수 최근 서울에서 골목에 대한 중요성이 점점 부각되고 있습니다. 그나마 다행스러운 일이지요. 골목이란 도시의 실핏줄과 같은 것이잖아요? 도시에서 골목이란 삶이 느껴지는 곳이고, 숨을 곳이기도 합니다. 허파 꽈리처럼 도시의 삶 에너지를 공급하는 가장 미세한 기관이지요. 저는 도시 역시 삶의 숲이라고 생각합니다. 사람만 사는 것이 아니라 벌레도 살아야지요. 서울에서 아파트 과잉 건설은 이러한 숲의 속성이 무시된 채 인공 심장이 갑자기 이식된 것과 같은 느낌을 받습니다.

구마 아파트와 관련해서 또 한 가지 이야기하고 싶은 것은, 이질감에 관한 것입니다. 스케일의 문제 등도 있지만, 도쿄의 경우에는 도시가 나무의 문화로 형성되어 왔는데, 갑자기 콘크리트라고 하는 이질적인 재료가 등장한 것도 큰 문제라고 생각합니다. 서울의 경우에는 일본과 같이 나무가 중요한 재료이기는 하지만, 그 안에 돌도 사용되어 왔기 때문에, 도쿄에서의 이질감과는 조금 다르지 않을까 합니다. 제가 어렸을 때만 해도, 완벽하게 목조 주택이었지요.

안상수 건축과 도시는 환경의 영향을 받으니까, 일본은 지진 때문에 어쩌면 나무가 적합했는지도 모르지요. 서울은 지진이 없고 나무도 귀하다 보니, 돌이나 흙을 사용하게 되었고요.

구마 재미있는 것은 역설적으로 이야기하면, 서울은 행정이 강력하기 때문에, 행정에 의한 변화를 기대해 볼 만한 것도 있습니다. 하지만 일본의 행정은 약하기 때문에 행정이 여러 가지 일들을 주도해 나가기를 기대하기는 어려울 것 같아요.

한국과 일본은 정서적으로 가장 비슷한 나라

임태희 그래픽에 대한 이야기도 조금 나누어 보고 싶은데요, 건축가로서 그래픽에 대해 생각하시는 것이 있다면 무엇이 있을까요?

구마 제가 학생 시절이었을 때, 많은 영향을 받은 것이 바로 그래픽입니다. 예를 들어, 스기우라 고헤이의 그래픽과 같은 것은 비단 그래픽 자체뿐만 아니라, 그래픽을 통해 큰 세상과 만나는 기분이었습니다. 서양에서보다 아시아에서는 훨씬 더 철학적인 접근 방법을 쓰고 있습니다. 더 구체적으로, 한자 문화가 여기에 미치는 영향은 매우 크다고 생각합니다.

안상수 패션이나 건축 등 의식주에 관련된 것은 생존에 맞닿아 있지만, 그래픽은 생존 이외의 것이기 때문에 좀 다르지요. 그러한 관점에서 문화, 철학, 추상에 가까이하고 있다고 생각합니다. 라틴 알파벳은 소리에 대응하는 글자지만, 한자는 이미지와 철학에 대응하는 글자라고 생각합니다.

구마 특히 제가 재미있다고 생각하는 것은, 자국의 것과 다른 문화에서 들어온 것, 즉 한자와 한글이 공존하면서 대립하고 있었다는 점입니다. 이것은 한국과 일본의 공통된 특징으로, 전 세계 어디에서도 드문 예라고 생각합니다.

안상수 지구 상에서 한국과 일본은 정서적으로 가장 비슷한 나라지요. 그것은 말에 있다고 생각합니다. 언어의 구조가 비슷하기 때문입니다. 중국어와 한국어, 중국어와 일본어는 크게 달라요. 교착어와 고립어의 차이입니다. 교착어는 조사나 어미 변화가 바뀌면서 생성되는 것이지요. 그런 면에서 한국과 일본은 교착어적 공통점과 차이점이 함께 존재합니다. 한자가 그것인데, 한자 사용 방법이 두 나라가 달랐습니다. 일본은 한자를 음으로 읽는 음독과 뜻으로 읽는 훈독 두 가지를 썼지만 한국은 음독으로만 한자를 받아들이지요. 해석은 하지만, 훈독을 쓰진 않지요. 가라타니 고진(柄谷行人)은 이 점에 대해 흥미롭게 해석하지요.

구마 그렇습니다. 아마도 중국과의 거리와 영향력과 상관관계가 있을 것 같습니다만, 한국은 중국과 가깝고 관계가 더 밀접했기 때문에 마음대로 훈독하기가 어려웠다고 생각합니다. 반면 바다를 사이에 두고 있는 일본은 훈독이라는 방법도 병행해 가면서 한자를 마음대로 받아들인 거지요.

구마 그런데 최근 일본에서 화제가 되고 있는 것 중, 옛날 중국어의 영향력을 20세기의 언어적 존재로 본다면 영어를 대치해서 생각해 볼 수 있지 않을까 하는 것입니다. 옛날의 일본은 중국어를 두 가지 방법으로 받아들이는 지혜를 가지고 언어를 소화했지만, 지금의 일본어는 영어에 대해서 그렇지 않기 때문에, 일본어가 점점 더 줄어들고 있는 것 같습니다.

안상수 일본어는 가타가나라고 하는 글자 장치가 있어서 영어도 어느 정도 극복되지 않을까요?

구마 메이지 시대에는 영어를 가타가나로 썼는데, 그러다 보니 영어의 발음과 너무나 거리가 멀어지는 문제점이 있는 것 같아요.

안상수 그것은 언어적 성질일 뿐이지 본질적인 문제나 핸디캡은 아닌 것 같아요. 오히려 새로운 세대에서는 새로운 발음이 생기지 않을까요? 물론 엄청 느리게 진화되겠지만요.

구마 한국에서 이러한 문제가 야기되지는 않나요? 한국에는 국제 학교도 많이 생기고 유학도 많이 가고, 영어에 대한 관심이 일본보다 훨씬 더 많은 것 같습니다.

안상수 이 시대의 처세 때문에 이런 현상이 있는 것은 사실입니다만, 언어 면에서 한글에 미치는 영향력이 결정적이지는 않을 것이라고 생각합니다. 저는 한글의 힘을 믿습니다.

구마 조금 다른 이야기입니다만, 한국은 점점 더 밖으로 관심을 가지면서 언어에도 주목하고 있는 반면 일본은 점점 더 밖에는 관심이 없고 안으로만 관심을 가지는 것 같아요. 특히 젊은이들에게서 이러한 현상이 강하게 보여 큰 걱정입니다.

안상수 한국 사람들은 일본 소설에 관심이 많아요. 무라카미 하루키 등의 소설은 젊은이들에게도 인기가 많지요.

구마 일본에서는 무라카미까지만 문학이 발전되고, 그 이후 문학적인 발전이 안 되는 것은 아닌가 하는 것이 사회적인 걱정거리입니다.

임태희 언어를 시각적으로 보았을 때, 일본어와 영어는 한 자 한 자의 나열로 이루어져 있지만, 한글은 모음과 자음의 조합으로 되어 있기 때문에, 개인적으로는 한글을 세련되게 만들기가 무척 힘들다고 생각합니다. 그런데 한글을 세련되게 만든 장본인이 안상수 선생님입니다. 구마 선생님이 학생 시절에 스기우라의 영향을 받았다고 하셨는데, 저는 안상수 선생님의 영향을 강하게 받은 세대입니다. 안상수체는 제가 학교 다닐 때 발표되었는데, 이것을 보면서 단지 언어의 서체가 아니라 디자인의 힘에 대해 엄청난 가능성을 발견했습니다. 그런 의미에서 저는 안상수체의 영향을 받은 제1세대가 아닐까 합니다.

개인적으로 안상수체가 좋았던 것은, 전통을 현대화했다기보다는 전통의 미학이 제대로 보였기 때문인 것 같아요. 여백의 미학이라고 할까, 모던하다기보다는 전통적이라고 느꼈던 것 같아요.

안상수 독특한 감성인데요?(웃음) 안체는 한글의 현대화라기보다는 훈민정음, 곧 한글 창제 원리를 따라 디자인하니 저절로 탈네모틀이 된 것이고, 그 때문에 여백을 느끼게 해 글자꼴이 지니는 맛이 현대적이라고 할 수 있지요. 그러나 한글 꼴은 태생 자체가 이미 현대적입니다.

구마 원리를 발견하게 되는군요.

안상수 히라가나는 붓의 맛이 있는 글자지만, 한글은 활자로 태어난 글자지요.

구마 한글을 거꾸로 붓으로 그리는 것도 재미있는 것 같아요.

안상수 한글은 기하적 형태로 태어나 사용하다가 붓을 필기도구로 쓰면서 글꼴이 바뀌었습니다. 사실 한글은 활자로 태어났기 때문에 해서적 미감이 있고, 가나는 초서적 아름다움을 지니고 있어요. 그래서 저는 히라가나의 글자 모양에서 일본의 아름다움을 느낍니다. 그 아름다움은 일본스러운 미감이 응집된 형태라고 생각합니다.

구마 스기우라도 일본어를 현대화한 사람이라고 할 수 있습니다.

현대적 느낌의 가부키자 프로젝트

안상수 구마 선생님은 최근 어떤 프로젝트를 하고 계신가요?

구마 내년 4월에 오픈하는 가부키자를 설계하고 있습니다. 안 선생님은 가부키를 보신 적 있으신가요?

안상수 아주 오래전에 가부키 배우를 인터뷰한 적이 있습니다. 공연이 끝난 뒤 분장을 다 지우고 인터뷰를 했는데, 그 배우는 원래 대학에서 실험 연극을 했었다고 해요. 가부키에는 관심이 없었는데 집안의 가부키 배우로 대를 잇는 습명식을 통보받은 다음 날부터 인생이 바뀌었대요.

구마 사실 그것을 결정하는 것은 아버지가 아니에요. 가부키 조직에서 지명하는 거죠. 원래는 네 개의 가부키 조직이 있었는데 메이지 25년에 하나로 통합되었어요. 그렇게 탄생한 것이 가부키자라고 하는 극장입니다. 바로 제가 설계를 맡고 있는 곳이지요.

안상수 인터뷰했던 가부키 배우는 여성 역할을 맡았는데, 무대에 올라 연기할 때 할아버지 여섯 명이 어깨에 타고 있는 듯한 기분이 든다고 했던 게 인상적이었어요.

구마 저도 제 어깨에 할아버지 네 명이 타고 있는 기분입니다. 왜냐하면 제가 설계하고 있는 가부키자가 5대째예요. 그렇기 때문에 네 명의 할아버지가 어깨에 타고 있는 느낌입니다. 4대 동안 변화하기는 했지만 조금씩 조금씩 변화했기 때문에, 저 역시 확연한 변화를 하기에는 어려움이 많았어요. 그래서 약간의 변화를 찾고 있는데, 그것이 어려운 점이지요.

안상수 그 건축 디자인의 바탕 생각은 무엇인가요?

구마 과거에 비해 밝은 느낌으로 설계하고 있습니다. 4대의 가부키자는 어려운 시절에 건축되었기 때문에 옛날 가부키자에 비해 어두운 편이었습니다. 그래서 저는 옛날에는 있었지만 4대에서 사용하지 않았던 것, 그중에서 현대에 가능한 것이 금박 등의 재료를 사용하는 것이라 생각합니다. 이때까지 제가 했던 건축과 달리 화려한 것이 특징이라고 할 수 있지요.

배우들과 이야기하고, 가부키를 연구하고, 여러 번 관람하면서 이러한 화려함이 가부키라고 하는 극과 아주 잘 어울리고 필요한 부분이라고 생각하게 되었지요.

안상수 가부키의 이미지는 화려합니다. 의상만 보더라도 알 수 있지요. 건축과 잘 어울릴 것 같은데요.

구마 여자 역을 하는 배우가 더 근육이 발달되어 있어요. 여자 의상이 화려하고 무겁기 때문이지요.

안상수 가부키 공연을 보면서 신파가 여기에서 파생된 것은 아닐까 생각하게 되었어요.

구마 신파는 원래 새로운 것을 하는 것이었지만, 일본에서는 메이지 시대에 있었던 형식이 신파로 정착되어 하나의 양식화가 되었지요. 그래서 가부키의 영향을 받게 되었습니다.

안상수 마지막으로 건축가로서 서울에 대한 도움말, 또는 서울에서 하고 싶은 프로젝트가 있다면 무엇이 있을까요?

구마 건축가로서 하고 싶은 것은 많습니다만, 그중에서도 시장 같은 프로젝트를 하고 싶습니다. 한국의 시장에는 독특한 활기가 있는 것 같아요. 그런 활기 넘치는 공간을 만들고 싶습니다.

안상수 선생님과 이야기를 나누다 보니 선생님의 작품을 직접 보는 듯 경험하게 되네요. 서울에서도 선생님의 상상력이 서린 공간을 만나게 되기를 바라겠습니다.

대담을 마치며

다양한 직업에 종사하는 분들과 이야기를 나누어 보고, 결국 이것은 '전환 이후'의 대화였다는 사실을 개달았다. 이 시대가 큰 전환점에 이르러 있다는 사실을 부정하는 사람은 없을 것이다. 내가 철이 들 무렵부터 지식인과 저널리스트들은 줄곧 지금이 전환점이라고 말해 왔다. 그들은 늑대 소년이 아니다. 현실적으로, 1970년경부터 시대는 큰 전환점을 맞고 있다.

1970년 고등학교 1학년이었던 나는 오사카만국박람회장을 방문해 스위스관의 건축물을 보고 감격했다. 건축물(pavilion)이 없었기 때문이다. 지면 위에 가느다란 알루미늄 파이프로 만든 나무 같은 오브제 하나가 덩그러니 놓여 있을 뿐이었다. '그래, 건축물을 세워 놓고 잘난 척하는 시대가 아니야. 지면과 나무가 있으면 그것으로 충분한 거야.'라는 생각에 나도 모르게 고개를 끄덕였다. 환경이라는 말이 매스컴을 시끄럽게 달구기 시작하던 시대였다. 스위스관의 이 나무에 비하면 소련관의 우뚝 솟은 모습은 시대착오적이라는 느낌이 들었다. 미국관의 수평으로 뻗은

막 구조의 돔은 너무 커서 기분이 나빴고 내부와 외부가 닫혀 있다는 느낌도 마음에 들지 않았다.

일본의 건축가들이 주장한 메타폴리즘(Metapolism)의 신진 대사 논리에는 흥미가 있었지만 오사카만국박람회장에 세워진 그들의 건축도 철로 만들어진 차갑고 기분 나쁜 괴물로밖에 보이지 않아 '아, 메타폴리즘은 이런 것이었구나.' 하는 생각에 실망을 감출 수 없었다. 저녁에 우연히 들른 프랑스관 카페의 쟁반 디자인이 마음에 들었다.

요약하면, '공업화 사회에서 탈공업화 사회로, 물질의 시대에서 정보의 시대로'라는 거대한 전환이 1970년대 무렵부터 시작돼 지금에 이르고 있는 것이다.

그 기나긴 전환 시대에 사람들은 다양한 형태로 "지금은 전환의 시대다."라고 말해 왔지만 그 말이 요즘 들어 미묘하게 변질되고 있다는 느낌이 든다. 한마디로 말하면, '전환 이후'라는 뉘앙스가 강해지고 있는 것이다.

'전환 이전'이라는 말은 기본적으로 '부숴라.'라는 스타일을 취한다. 시대는 바뀌니까 기성의 존재를 '부순다.'라는 형태를 취한다. 그러나 '부수는' 것만으로는 해결되지 않는 문제가 있다는 사실을 사람들은 깨닫는다. 정권 교체가, 그리고 3·11 대지진이 그런 깨달음을 안겨 주는 커다란 계기가 되었다.

전 정권을 부수고 정권 교체를 이루어도 무엇인가 좋아지는 것보다는 문제의 심각성이 더욱 드러날 뿐, 많은 사람이 사태가 더 악화되는 인상을 받는다. 지금은 부수는 것보다 다시 연결하는 것, 지금까지와 다른 새로운 형태로 다시 연결하는 것이 중요하다는 사실을 사람들은 깨닫기 시작했다.

3·11 대지진은 정말로 일본이라는 국토를, 인프라를, 에너지 시스템을 '부수어' 버렸다. 그것을 어떻게 연결해야 좋을지 우리는 진지하게 모색하기 시작했다. 이 책에 수록된 일곱 분과의 대화 저변에 흐르는 기조음은 우렁찬 '부숴라!'라는 고함이 아니라 낮고 조용한 '이어라!'라는 건설적인 속삭임이다.

그 '잇는 시대'에 어떤 형태의 도시 건축이 존재할 것인지 이 대화를 조용히 곱씹어 보면서 서서히 선을 그어 나가고 싶다. 선과 선을 연결하면서 여유 있게 그림을 그리고 싶다.

구마 겐고

감수의 글

'지진이다!'

무의식의 수면 상태에서도 지진에 대한 본능적 반응은 공포스러우리만큼 빠르고 강렬했다. 눈이 번쩍 뜨였다. 장 위에 올려놓았던 선물로 받은 목각 인형이며, 갓 읽기 시작한 책장 위의 책들, 여름철에 청소해 놓고 단단하게 끼워 넣지 못한 방충망, 식탁 위의 잡동사니들이 모두 같은 지면 위에 널브러져 있었다.

참 신기했다. 어린아이들이 뜨거운 불을 보고도 잡으려 하는 것은 뜨거운 것에 대한 공포를 한 번도 경험하지 못했기 때문이라는 이야기를 들은 적이 있다. 공포가 경험을 통해 학습과 기억으로 존재하는 것이라면, 사실 난 지진에 대한 경험이나 학습 기회가 단 한 번도 없었다. 지진으로부터 제외된 축복받은 땅 서울에서 태어나고 자란 덕분에 지진에 대한 감각과 공포를 한 번도 기억하지 못했다. 그런데도 그 낯선 감각을 내 몸이, 그리고 내 머리가 바로 인지하고 있다는 사실이 참으로 이상하고도 신기했다. 그 정도로 지진은 강력했다. 이것은 1995년 1월 17일 새벽 5시 46분의 일이다.

나는 당시 교토의 목조 주택 1층에 살고 있었다. 지진의 발원지였던 아와지시마가 진도 7.3으로, 효고 현 남부 지역을 중심으로 진도 7도 전후의 지진이 발생했다. 지진의 진원지와 근접해 있던 교토도 6도가 넘는 진도를 겪어야 했다. 진도는 환경이나 여건에 따라 국가별로 조금씩 다르지만 대체로 6도 정도가 되면 건물이나 구조물이 다수 파괴되는 범주라고 알고 있다. 그러나 6도가 넘는 지진에 교토 시는 물질적·인명적 피해가 전혀 없이 담담하게 버텨 주었다. 그동안 지진에 대비해 부단한 노력을 해온 덕분이겠지만, 그럼에도 불구하고 지진의 진원지인 아와지시마에서 발생한 통칭 한신 대지진은 사망자가 6,434명, 행방불명자가 3명, 부상자가 4만 3,792명으로, 인간의 힘으로는 어쩔 수 없는 엄청난 시련과 피해를 입었다.

그 순간 건축에 있어서의 디자인 콘셉트나 프로그램 따위는 아무런 의미가 없었다. 예기치 않은 자연재해로부터 건축은 어떻게 우리를 안전하게 보호해 줄 것인지가 중요한 문제였다. 사망자 가운데는 오래된 목조 가옥의 구조물이 지진으로 파괴되어 압사한 경우가 많았다. 그러나 다행스러운 것은 1978년 미야기켄오키 지진 이후 1981년 개정된 건축법에 따라 내진법이 적용된 건물들의 피해는 상대적으로 적었다는 사실이다. 하지만 인간의 힘으로는 어쩔 수 없는 파괴된 도시의 피해는 말로 설명할 수 없을 정도로 처참했고, 내 눈으로 현장을 확인한 순간 하늘이 내린 벌로는 너무 가혹하다는 생각이 머릿속에서 떠나지 않았다.

인간은 자연과 함께 살아가야 하고, 감사하게 때로는 묵묵히 받아들이고 견디고 극복하는 것에 모든 의미가 있다는 사실을 그때 알게 되었다. 또한 끊임없이 극복하려 노력하고 인내하는 사람들이 참으로 위대해 보였다. 지진에 대한 일본인들의 기술적인 연구와 발전은 그러한 면에서 커다란 업적으로 여겨졌다.

그리고 6년이 지난 2011년 3월 11일, 또 한 번의 강력한 지진이 일본을 강타했다. 동일본 대지진이라고 일컬어지는 것이 바로 그것이다. 진도 9.0으로 일본 주변에서 일어난 지진 중에서 관측 사상 최대였다. 지진과 함께 10미터 이상, 최대 40미터 높이의 파도가 일부 지역을 덮치면서 피해는 더 늘어났다. 사망자 1,5875명, 행방불명자 2,725명이라는 참으로 엄청난 피해를 입었다. 이 재난은 일본이라고 하는 한 국가의 문제만이 아니라 전 세계적으로도 큰 충격을 주었다. 일찍이 내진 구조에 대한 진보된 업적이 있었고 지진에 대한 인간의 노력으로 어느 정도 극복이 가능하지 않을까 생각하던 터에, 자연은 인간을 조롱하듯이 지진뿐만 아니라 쓰나미라고 하는 예상치드 못했던 재난으로 피해를 증폭시켰다.

동일본 대지진이 일어나고 얼마 후 구마의 사무실어서 연락이 왔다. 구마는 건축가로서 지금 이 순간 사람들에게 할 수 있는 일은 무엇일까? 그걸 찾고 싶다고 했다. "물론 피해를 입은 사람들을 위한 대피소나 임시적인 쉘 터를 만들어 주는 일들은 그 이전의 건축가들도, 행정 기관에서도 해왔었다. 이러한 당장의 급한 불을 끄고 문제를 해결하는 것도 중요하지만, 물질적·물리적 차원에서의 복구만이 전부는 아닐 것이다. 피해 지역 사람들의 정신적 외상을 치유하고, 삶에 대한 희망과 의지, 그리고 도시를 회생시키는 일은 불가능한 걸까?" 매우 진지하고도 신중한 고민에 관한 이야기였다.

재난을 보도로 접한 사람과 직접 진동을 느끼고 요동치는 땅자락을 안간힘을 다해 부여잡으며 필사적인 생존의 혈투를 벌인 사람의 자세나 태도가 다름은 굳이 설명할 필요가 없을 것이다. 성급하게 해답을 내리기 전에 구마 사무실에서는
피해 지역에 세워진 구마 사무소에서 설계한 건축물의 피해 상황 파악과 함께 살아남은 사람들과 그 지역의 문화자원, 특히 지역 공예를 중심으로 피해 여부를 조사하기 시작했다. 종이를 만드는 할머니, 칠보 공예를 하는 고집 센 아버님, 나무를 조합하여 새로운

목가구를 만드는 공장을 방문하고 사람들을 만나 생사를 묻고 의견을 듣기 시작했다.

"당장 필요한 구급품을 전달하는 것은 건축가가 아니어도 할 수 있는 일이지만, 건축가로서 이 세상을 위해서 할 수 있는 일은 어떤 것들이 있을까? 물질적 수급보다는 장기적으로 보았을 때, 인간에게 희망을 주고 그동안 가지고 있던 노동의 즐거움과 또한 그 결과 획득되는 소득과 성취감이야말로 중요한 것 아닐까? 건축물의 재생보다는 건강한 사회의 회생이, 절망보다는 희망이, 그리고 무엇보다 중요한 것은 사람들의 생기가 아닐까?" 구마는 내게 이렇게 말했다. 그리고 구마 사무실에서 진행 중인 프로젝트에서 적용할 수 있는 범위를 최대한 찾기 시작했다.

이 책 『연결하는 건축』은 동일본 대지진이 계기가 되어 탄생했다. 포토제닉한 사진들과 혹하는 아이디어들로 포장하고 메니페스토처럼 강렬한 설득력을 보여 주는 그러한 책은 아니다. 지진이라는 자연재해가 우리에게 던져 준 무수히 많은 고민과 당장 해결해야 하는 수면 위의 문제들뿐만 아니라, 경기 침체가 장기화되면서 서서히 드러나기 시작한 수중 깊이 가라앉아 있는 사회적 문제들에 대한 건축가로서의 고민과 앞으로의 가능성에 대해 탐색하는 책이다. 지진은 일순간 모든 문제가 눈앞에 쏟아지지만 해결하려는 의지만 있고 시간을 들이면 물질적인 피해는 어느 정도 해결된다.

정말로 심각한 것은, 어쩌면 아직도 잠재해 있고 앞으로 더 심각하게 문제화될 장기 침체에 따른 사회적 현상이 아닐까 싶다. 우리도 모르는 사이 사회가, 이데올로기가, 그리고 우리의 일상생활이 활기를 잃어 가고 작은 것에 타협하고 있는지도 모른다. 온실 속의 화초가 아니라 모진 세파 속에서 방법을 찾고 이겨 내려고 노력해 온 일본은 지진뿐만 아니라 사회적인 많은 문제에서도 우리에게 시사하는 바가 크다. 물론 아직 그럴듯한 해결책을 찾지 못했고 방법적인 제시도 하고 있지 않다. 이 책에서도 마찬가지다.

이 책은 사회의 다양한 전문가들과 만나고 이야기를 나누는 대담으로 구성되어 있다. 물론 아무런 결론은 없다. 그러나 세상의 소리에 귀 기울이고 있는 사이, 사람과 사람을 연결해 주고, 사람과 역사를 연결해 주고, 사람과 세상을 연결해 주고, 사람과 무수히 많은 것들을 연결해 주는 것에 대한 고민을 독자도 함께 하게 되는 책이다. 이 책과 같은 진지한 노력과 태도가 어쩌면 이 세상을 구하는 첫걸음이 될지도 모르겠다고 나는 믿는다.

임태희

옮기고 나서

인간에게는 오욕(五慾)이라는 피할 수 없는 욕망이 있다. 그중에서 명예욕과 금전욕은 이성으로 통제가 가능하지만 식욕, 성욕, 수면욕은 아무리 혹독한 수련을 쌓는다 해도 억제할 수 없는 본능이다. 그 본능의 저변에는 '내가 원하는 것'이라는 개인적 성향이 강하게 고개를 치켜들고 있다. '누군가 주는 것'이 아니라 '내가 원하는 것'이어야 세 가지 욕망은 충족감을 안겨 준다.

음식에 대한 기호는 사람마다 다르다. 주는 대로 받아먹는 사람은 없다. 그리고 음식은 지역적 특성이 매우 강해 그 지역의 농작물을 바탕으로 하나의 문화를 형성하며 발전해 왔다. 사랑도 마찬가지다. 당연히 내가 원하는 이성이어야 충족감이 높고 그에 대한 애정도 시간의 흐름과 함께 성숙한다.

수면욕은 주거다. 어떤 장소에서 어떤 바람막이를 설치하고 잠을 잘 것인가 하는 문제 역시 각자의 기호에 해당하며 '내가 원하는 집'에 사는 것이 가장 행복한 주거 생활이다.

인간은 그렇게 살아왔다. 자신이 원하는 장소에 자신이 원하는 주거 환경을 마련하고 자신이 원하는 이성과 함께 자신이 원하는 음식을 섭취하면서 자유로운 삶을 구가해 왔다. 아니, 씨족 사회에서는 그것이 가능했다. 하지만 씨족 사회에서 부족 사회로, 그리고 부족 사회에서 국가라는 체제를 갖춘 공동 사회로 사회적 발전이 진행되면서 인간의 삶은 지배자와 피지배자라는 도식 안에 포함되었다. 개인의 삶보다는 부족의 위치, 국가의 존재가 우선되면서 근본적 욕망조차 '내가 원하는 것'을 손에 넣을 수 없는 구조가 갖추어졌다.

지배와 통솔은 보다 편리한 체제를 요구하며 피지배자의 동질성을 추구한 결과, 주거는 더 이상 '내가 원하는 것'이 아니라 '내게 주어진 것'으로 바뀌기 시작했다. 그리고 지금도 이 현상은 지속되고 있다. 대도시는 이미 그런 논리를 바탕으로 '내게 주어진 것' 안에서 생활할 수밖에 없는, 그것을 당연하게 생각하는 틀이 갖추어졌다. 이것이 이른바 잘못된 도시 계획이다.

지배자 입장에서 볼 때 피지배자의 통일성은 커다란 위안이다. 개성은 눈에 거슬리는 존재다. 통일된 복장, 통일된 의식, 통일된 주거는 지배자 고민을 대폭 감소시켜 주는 매우 바람직한 환경이다. 그것은 전쟁이라는, 인류 역사의 가슴 아픈 사건들이 되풀이될 때마다 새로운, 그리고 더 통일성 있는 주거 환경을 양산해 냈다.

그리고 이른바 현대 사회로 접어들면서 개인의 의사를

존중하자는 목소리가 여기저기에서 튀어나오며 '내가 원하는 것'을 인정해 주는 체제가 갖추어졌다. 하지만 이미 '내게 주어진 것'에 익숙해진 사람들은 이제 지배자와 피지배자의 관계가 아니라는 사실조차 분명하게 인식하지 못하는 상황에서 경제적 어려움 때문에, 또는 국가의 '계획'이 만들어 내는 기획안을 유행이라는 형태로 받아들여 '내가 원하는 것'이 무엇인지 생각하기보다는 '여러 사람이 원하는 것'이 무엇인지에 초점을 맞추고 그것을 좇아 주거지를 선택하는 결과를 낳고 있다.

하나의 국가 안에는 지역적 특색이 존재한다. 환경, 주민, 건축 재료 등의 차이로 발생하는 이런 특색은 그 지역에 가장 잘 어울리는 주거 환경을 만들어 내고 시간의 흐름과 함께 조화를 이루어 내면서 그 자체가 관광 자원으로서 가치를 가진다.

관광에서 가장 중요한 것은 시각적 효과이고 시각적 효과의 기본은 주거 환경이다. 하지만 어느 곳을 가보아도 비슷비슷한 건축물, 틀로 찍어 낸 듯한 조형물들만 널려 있을 뿐, 그 지역의 특색을 엿볼 수 있는 주거 환경은 구경하기 힘들다. 기껏해야 관광용으로 전시해 놓은 너와집, 초가집 등이 상자 형태의 건축물 사이에 파묻혀 을씨년스러운 바람을 일으키는 눈엣가시 같은 존재로 덩그러니 놓여 있을 뿐이다. 판매하는 상품 역시 다르지 않다. 어디를 가나 똑같은 건축물, 똑같은 상품, 똑같은 패턴이다.

기껏해야 지역 특산물이라고 해서 ○○회, ○○나물 등을 내세우면서 관광 상품으로서의 가치가 매우 높은 것처럼 자랑을 늘어놓는다. 하지만 착각해서는 안 되는 부분이 적어도 의식주는 공통성을 가지고 있어야 한다는 것이다.

그런 주거 환경이기 때문에 그런 옷을 입고 그런 음식을 먹는 것이다. 그렇지 않은 주거 환경에서는 다른 옷을 입고 다른 음식을 먹는다. 즉 주거 환경이야말로 그 지역의 특색을 가장 잘 드러내는 존재이며 의와 식의 바탕이 된다. 그런 특색 있는 주거 환경이 갖추어져 있지 않기 때문에 어느 곳을 방문해도 똑같은 느낌, 눈에 익은 광경만 들어온다. 또 어떤 음식을 먹어도 독특함을 전혀 느낄 수 없는 것이다. 이른바 뉴타운 계획이 도마에 오른 상태에서 지금도 검토, 추진되고 있다. 또 박스를 쌓아 놓은 건축물들이 전혀 낯설지 않은, 전혀 특색 없는, 그리고 무엇보다 중요한 자연스럽지 않은 도시를 만들어 낼 것이다.

근대주의자들의 '타불라 라사'는 새로움과 신선함을 내걸고 '완전한 파괴 위에 만들어 내는 완전히 새로운' 건축물을 중시했다. 하지만 토대가 없는 새로움은 오히려 당황스러움을 안겨 준다. 당황스러움의 연속은 놀라움과 연결될 수는 있어도 새로움과 연결되기는 어렵다. 새로움은 기존 틀 위에서의 변화다.
그리고 그것이 '연결하는 건축'이다.

무조건 부수고 새롭게 만들어 내는 것이 아니라 기존의 틀, 그 지역만의 특색과 '내가 원하는 것'을 소유하던 주민들의 심리를 반영하며 보다 나은 주거 환경을 위해 변화를 첨가하는 것이야말로 '연결하는 건축'이다. 여기에는 '여유'가 필요하다. 눈에 보이지 않는 변화가 시간의 흐름과 함께 만들어 내는 자연스러운 변화야말로 늘 '새로운', 그러나 '변함없는' 아름다운 건축 아닐까. 그것이 저자가 말하는 '연결하는 건축' 아닐까.

우리는 언제까지 지배자와 피지배자 구조 안에서 '주어지는 것'을 '유행'이라고 생각하며 박스 안에 갇혀 지내려 할 것인가.

주거 환경은 의식까지 바꾼다. 적어도 지역만큼은 '내가 원하는 것'을 버리고 '내게 주어진 것'을 흉내 내는 행동을 하지 않기를 바란다. 대도시는 어쩔 수 없다 해도 지역은 각 특색을 살려 주민들이 심리적 안정감을 느끼고 자신이 생활하는 지역에 애정을 품을 수 있는, 개성을 존중하는 도시 계획을 진행하기를 바란다. 그것이 지역이 특성을 살리면서 새로운 주거 환경을 만들어 내는 '연결하는 건축'일 것이다.

이정환